制造业先进技术系列

纳米磁性液体材料

朱姗姗 著

机械工业出版社

本书在结构设计方面，针对精密测量仪器在随机激励作用下的工作环境，提出了五种结构类型的减振器模型，对减振器模型做了理论分析、仿真研究和试验测量，分析比较了五种结构类型减振器在不同振动状态下的响应。通过分析随机振动作用下磁性液体阻尼减振器的响应，给磁性液体阻尼减振控制系统的设计与振动限制规范提供了理论依据。

本书适合功能材料专业及研究纳米磁性材料的师生阅读，也可供相关专业的研究人员参考。

图书在版编目（CIP）数据

纳米磁性液体材料／朱姗姗著. -- 北京：机械工业出版社，2024. 10. --（制造业先进技术系列）.

ISBN 978 - 7 - 111 - 77396 - 2

Ⅰ. TB383；TM271

中国国家版本馆 CIP 数据核字第 202507V6Y1 号

机械工业出版社（北京市百万庄大街22号　邮政编码100037）

策划编辑：贺　怡　　　　　责任编辑：贺　怡　田　畅

责任校对：龚思文　李　杉　　封面设计：马精明

责任印制：常天培

北京机工印刷厂有限公司印刷

2025 年 2 月第 1 版第 1 次印刷

169mm×239mm · 10.5 印张 · 1 插页 · 134 千字

标准书号：ISBN 978 - 7 - 111 -77396-2

定价：79.00 元

电话服务　　　　　　　　　网络服务

客服电话：010-88361066　　机 工 官 网：www.cmpbook.com

　　　　　010-88379833　　机 工 官 博：weibo.com/cmp1952

　　　　　010-68326294　　金 书 网：www.golden-book.com

封底无防伪标均为盗版　机工教育服务网：www.cmpedu.com

前　　言

　　磁性液体是一种新型纳米级功能材料，在磁场梯度作用下具有表面不稳定性。磁性液体是一种特殊的功能材料，既具有固体磁性材料的磁性，又具有液体材料的流动性，同时具有普通液体不具备的二阶浮力，磁性液体的这些特殊性质使其在阻尼减振领域的应用前景十分广阔。多年来，磁性液体阻尼减振器的研究符合新材料的开发与利用这一发展方向。目前国内对于磁性液体减振的研究大多数集中在对航天器、汽车悬架系统减振的研究，而对用于精密测量仪器的减振研究较为缺乏，而本书则主要介绍了精密仪器的磁性液体阻尼减振器。天平在称量过程中受环境影响会产生低频率、小振幅的振动，从而影响称量的准确性，且这个问题会影响许多厂矿化验室及科研院所的分析称量工作。

　　本书主要依据二阶浮力原理，提出了一款用于精密仪器的减振模型。该减振器结构简单，其减振性能主要适用于低频率、小振幅的局部减振。

　　在理论方面，本书基于二阶浮力原理，推导了该减振器中永磁体浸没于磁性液体中的悬浮力计算方法，得出了影响永磁体悬浮力的数学关系；结合磁性液体阻尼减振器的振动模型，研究了影响减振性能的各个因素，同时研究了各因素对减振性能的影响。

　　在结构设计方面，本书针对精密仪器受随机振动的影响，设计了不同的减振结构模型，采用理论分析研究、仿真模拟与计算及与试验验证相结合的方法，确定了影响磁性液体减振性能的结构参数。

　　在仿真方面，本书应用 ANSYS 软件仿真分析了五种结构类型减振器壳体中的永磁体悬浮高度，研究分析了悬浮高度随永磁体结构参数变化的规律，为试验中永磁体能够自悬浮提供了理论依据；同时运用 Matlab 软件分析了磁性液体阻尼减振器在平稳随机激励下的响应函数，通过分析随机激励作用下磁性液体阻尼减振器的响应，为控制系统的设计及其振动限制规范提供了理论依据。

在试验方面，本书研究了不同永磁体的结构参数、不同磁性液体的饱和磁化强度、不同减振器的端盖锥角、不同减振器壳体内壁锥角对减振器减振性能的影响。试验表明，永久磁铁在磁性液体中所受的悬浮力及减振器不同的结构参数、磁性液体的饱和磁化强度均对减振器的减振性能存在一定影响。

在同样的振动条件下，耗能质量块的直径尺寸对消振时间的影响表现为随着永磁体直径尺寸变大，耗能质量块与磁性液体之间的接触面积也随之相应地增大，那么磁性液体对耗能质量块产生的黏滞效应也随之相应增强，这样便使减振器的消振时间减少；但是当耗能质量块的直径尺寸超过某个临界尺寸时，在减振器工作过程中，耗能质量块可能会在某些状态下的某个位置与减振器壳体的内壁发生剧烈的碰撞，从而使减振时间增加。因此在其他因素不变的情况下，永磁体直径尺寸应该具有最优值。

五种结构类型减振器消振时间随永磁体长度变化的趋势一致，消振时间均为先缩短后延长。

当端盖锥角逐渐增大时，五种结构的阻尼减振器的消振时间随端盖锥角的增加均表现为消振时间缩短。

选用不同饱和磁化强度的磁性液体，五种结构的阻尼减振器在减振试验中随着饱和磁化强度的增加，消振时间缩短，当饱和磁化强度增加到一阈值时，消振时间达到极小值，当饱和磁化强度进一步增大时，消振时间反而逐渐延长。

随着减振器壳体内壁锥角的变化，五种结构类型的减振器消振时间发生了不同的变化，有的减振器的消振时间随着壳体内壁锥角的增大而逐渐缩短，有的减振器的消振时间随着壳体内壁锥角的增大而逐渐延长，为减振器的结构选型提供了一定依据。

在相同的振动激励条件下，使用简易型永磁体耗能质量块与使用工字形永磁体耗能质量块所需的消振时间随着初始振幅的不同也不一致。在直通孔型壳体的磁性液体阻尼减振器的减振试验中，使用简易型永磁体耗能质量块比使用工字形永磁体耗能质量块所需的消振时间更短。对于有内壁锥角的减振器壳体，当初始振幅为 0.5mm 和 1mm 时，使用简易型永磁体耗能质量块比使用工字形永磁体耗能质量块所需的消振时间更短；而当初始振幅为 1.5mm 和 2mm 时，使用简易型永磁体耗能质量块比使用工字形永磁体耗能质量块所需的消振时间更长，为减振器中永磁体耗能质量块的结构选型提供了一定依据。

随着温度的升高，饱和磁化强度会降低，所以随着温度的升高，五种结构类型的减振器在不同的初始振幅条件下，消振时间均会延长，且随着温度的升高，消振时间的延长幅度也会大大提升。

在上述研究的基础上，得出如下创新性的结论：

1）基于二阶浮力原理，推导得出了该减振器中永磁体浸没于磁性液体中悬浮力的计算方法，得出了影响悬浮力的数学关系。

2）结合磁性液体阻尼减振器的振动模型，分析得出了影响减振性能的主要因素及各个影响因素与减振性能之间的关系。

3）结合精密仪器的使用条件，创新设计了减振方法和磁性液体阻尼减振器的结构，并通过理论分析、仿真研究和试验测量等方法最终确定了减振器的结构参数；创新应用 3D 打印技术加工减振器壳体结构，解决了壳体内部复杂结构难以加工进行试验研究的困境。

4）应用仿真软件分析了在随机振动作用下的振动模型，得出了磁性液体阻尼减振器随机激励的响应，给振动控制提供了一定的理论依据。

5）创新设计了在汽车整车环境实验舱中进行的减振试验，研究了永磁体结构类型及参数尺寸、磁性液体的饱和磁化强度、减振器端盖锥角、减振器壳体内壁锥角、温度等因素对减振器减振性能的影响规律，提高了试验数据的可靠性，为提升减振器的减振性能及结构选型提供了有力的理论依据。

6）分析了磁性液体阻尼减振器单自由度振动系统在平稳随机激励下的响应函数，并用 Matlab 软件分析得出了响应自相关函数的图像，创新应用 BP 神经网络为振动控制系统的设计提供了数据依据。

目　　录

第 1 章
基于纳米磁性材料的
减振研究现状

　　机械振动通常是指系统在平衡位置附近所做的往复运动[1]，机械振动是机械运动的一种特殊形式。人类的活动大多数都包含诸如此类的机械振动。引起机械或者结构振动的因素是各种各样的，如旋转机械转动质量的不平衡分布、汽车在不平坦路面上行驶会导致车身振动、车辆通过桥梁时会使梁结构产生振动。

　　一般情况下，一个振动系统通常由存储势能的弹性元件（弹簧）、存储动能的惯性元件（质量块或其他惯性元件）和能耗元件（阻尼器）等组成[2]。从能量观点看，振动就是一个动能和势能不断相互转化的过程。如果系统存在阻尼而没有外界能量补充的情况下，振动的能量在经过一个周期后会有耗散[3]。在振动理论中，把消耗能量的机制或装置称为阻尼[4]。工程实际中阻尼总是存在的，阻尼的机理也是各种各样的，如运动副的表面摩擦、材料变形的内摩擦、流体的黏性等都会导致能量损失[5]。系统在振动时，动能会不断地转化为势能；反过来，势能也会不断地转化为动能。由此，质量、弹性和阻尼是振动系统力学模型的三个基本要素，惯性元件是系统中执行运动的实体，弹性元件供给系统振动的回复力，阻尼则在振动过程中消耗系统的能量或者从外界吸收能量[6]。典型单自由度振动系统力学模型如图 1-1 所示，质量块、弹簧和阻尼器分别描述系统的惯性、弹性和耗能机制。由于振动

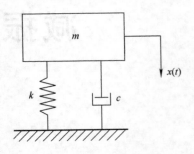

图 1-1　单自由度振动系统

系统的变量如系统输入（激励）和输出（响应）都是随时间变化的，因此，一个振动系统从本质上来说就是一个动力系统[7]。

　　按不同的方法可以将振动分为自由振动与受迫振动、有阻尼振动与无阻尼振动、线性振动与非线性振动、确定性振动与随机振动[8]，如汽车行驶中的振动、风激励下的高层建筑振动均属于随机振动[9,10]。对于多数机器来

说，振动会降低机器的使用性能，如测量仪器在振动环境中无法正常使用。

仪器将获取的数据处理为便于人们查阅和识别的形式，或者将信息数据进一步处理为信号和图像。它的实质是研究信息的获取、处理和利用。现代精密仪器是仪器科学与技术的一个重要组成部分，它研究的对象不仅是测量各种物理量，而且已经发展成为具有多种功能的高科技系统设备。精密仪器的技术发展整体水平及检测技术所能达到的精度指标是衡量一个国家综合实力的重要标志之一。在现代化的国民经济活动中，精密仪器技术的发展在现代化工业生产活动中起到了引领规范的指导作用。精密仪器技术的发展在产品质量评估的各个环节及计量检测的方方面面，以及国家大力开展的法制实施中都扮演着技术监督的"物质法官"的重要作用。在我国现代化国防建设和国家长期以来坚持和倡导的可持续发展战略道路中的诸多方面，都有着不可替代的重要作用。

先进的精密仪器装备与测量技术的发展是知识创新和技术创新的首要条件。精密仪器设备是开展科学研究的最基本的物质基础，科研之成败取决于试验方法及探测仪器，代表着科技的前沿，是科学发展的支柱。目前，在我国的固定资产投资中，有60%以上是用于进口设备，而实验室试验的高端精密仪器几乎100%进口。随着科学技术的发展，对于精密机械与仪器也提出了越来越高的要求。我国精密仪器技术的发展进程缓慢，而精度设计是仪器设计成败的关键。

许多精密测量仪器在工作过程中受到环境中随机振动（如白噪声等）的影响，对测量结果会产生一定的影响[11-13]。精密天平在称量过程中，外界和自身振动对称量精度影响较大，而且此类振动通常又难以消除[14-17]。现有的天平是使用减振脚垫来保证精度，随着"中国制造2025"的提出，现代工业对精密仪器的称量精度要求更加严苛，减振脚垫已不能满足精度的要求，本文将介绍一种新型的磁性液体阻尼减振器。

　　磁性液体是一种由铁磁性或亚铁磁性颗粒高度弥散于载液中构成的胶体，稳定性高，作为一种新型功能材料，不仅具有固体磁性材料的磁性，而且具有液体的流动性[18]。人们自开展磁性液体应用研究工作起，就尝试将磁性液体应用于阻尼减振[19]。1966 年，美国航空航天局开发了一种磁性液体阻尼减振器，应用于无线电天文探测卫星，其能够有效抑制卫星的振动和干扰；随后，国外科研工作者陆续提出了活塞式磁性液体阻尼减振器、调谐磁性液体阻尼器、旋转式惯性阻尼减振器等各种磁性液体阻尼结构形式的减振器来抑制线性振动[20-31]。

　　本书主要介绍一款用于精密仪器的磁性液体阻尼减振器的结构、振动模型，并推导了该减振器中永久磁铁浸没于磁性液体中的悬浮力计算方法，得出了影响永久磁铁悬浮力的数学关系；结合磁性液体阻尼减振器的振动模型，分析了减振器的减振性能，得出了影响减振性能的因素，以及各个影响因素与减振性能之间的关系；针对精密仪器受随机振动的影响，提出了不同的减振器设计模型，通过理论分析、仿真分析与计算、试验验证与探讨等途径最后得出了关于磁性液体减振器减振性能的相关参数；利用 ANSYS 对永磁体耗能质量块在磁性液体中的悬浮力进行了仿真分析，同时运用 Matlab 软件对减振模型进行了数据模拟，分析了结构参数对减振性能的影响，并对减振器在随机振动作用下的响应进行了数据模拟分析；研究了不同的初始振幅、不同结构参数的永久磁铁、磁性液体的饱和磁化强度对减振器减振性能的影响，从而得出了最终结论。

1.1　纳米磁性材料的研究背景及意义

　　随着现代科技水平的不断提高，对于在自然环境状态中的不确定因素引起的振动状况的研究也越来越深入。在自然界中的振动状况主要分为人为引起的振动状况和自然引起的振动状况[32]。而精密测量仪器在工作过程中，无疑会受到自然界中环境振动状况的影响。而随着仪器精度的提高，精密仪器设备、微机电系统及精密惯性测量仪器的加工、校准及测量工作对环境的要求也愈加苛刻[33-36]。为了适应精密仪器的使用环境，我们需要研究适合某一特殊使用条件、振动状况的振动抑制方法。振动处处存在，如通过地面传递过来的振动、设备自身运行过程中产生的振动及工作人员行走或触碰仪器设备过程中产生的振动等[37]。

精密仪器和设备受振动的影响通常表现在下列几个方面[38]：

1）设备的正常运行会受到影响，存在较大的振动时会造成设备的损坏。

2）对仪器的仪表刻度准确性造成影响，使读数产生偏差甚至不能读数。

3）对有些精密仪器或者灵敏电器来讲，系统自身的振动有可能会使自锁回路断开，从而造成主电路断路，导致机器停转。

4）影响精密设备的正常运转，引起机械设备疲劳磨损，减少了设备的使用寿命，严重时会导致机械设备构件产生强度和刚度破坏、部分零件断裂或变形，最终酿成严重的设备事故或人身伤亡事故。

5）对于精密机床的加工过程，振动会对加工面的加工精度造成影响，甚至会降低刀具寿命。

强烈的振动会对日常生活与生产制造造成较大的影响。常用的减振措施主要有以下三类[39]：

1）主动减振：抑制振动源强度，从源头上降低激振力。

2）被动隔振：隔离振动源和减振体之间的振动。

3）动力吸振：设置减振设备，通过相互作用消耗系统能量从而达到降低振动的目的。

鉴于抑制振源强度通常需要对既有结构做比较大的改动，实现难度相对较大，故目前常用增加隔振层或设置附加减振装置的方法以达到减振目的[40-42]。然而对于精密仪器来说，简单的隔振层远远不能满足测量高精度的需求[43]。环境振动会导致精密仪器设备工作出现故障，如造成读数不准确或者读数精度无法满足需求，更有可能发生事故甚至造成灾难[44-46]。对于像是电子显微镜等具有极高灵敏度的设备，50dB 的振动就足以干涉设备的正常运行和工作[47]。振动对高精度仪器、设备的使用寿命和正常工作均会产生较大的影响[48-50]。因此，适用于精密仪器的智能减振研发和改进成为现在亟须解决的重要课题。

1.1.1　振动阻尼的类型

在任何一个动力学系统当中，不论以何种状态出现，在运动状态发生变化的过程中都会有一定的能量耗散。在动力学系统的建模过程中，如果在试验过程中所关注的时间段里，动力学系统中所耗散的能量相对于振动激励来说特别小，那么这一部分所耗散的能量通常可以忽略不计，也就是将此运动过程中的阻尼忽略不计，以便研究无阻尼固有频率和振动模态等关键动态特性[51-53]。

有若干种类型的阻尼属于机械系统的内在表现。如果以这种方式提供的有效阻尼值不足以支撑系统本身功能的发挥，那么外部阻尼装置既可以在最初的设计阶段，也可以在随后系统设计修改阶段添加进来。在研究机械系统时，阻尼机理主要有以下三种：

1. 内部阻尼

内部阻尼是与材料的微观结构缺陷有关的能量损失，如颗粒边界和杂质会产生内部阻尼。热弹性效应产生于不均匀压力造成的局部温度梯度，如激振梁状态、铁磁材料涡流效应、金属位错运动、聚合物中链分子的运动[54]。目前，业内出现了各式各样的表达能量耗散的阻尼振动模型，但是大部分模型主要都来源于大范围工程材料的研究结果，而尚且无法使用某个特定的阻尼模型来准确真实地表达能量耗散过程中的材料内部特征[55-58]。

2. 结构阻尼（在铰链和界面处）

结构阻尼的能量损失特性主要取决于机械系统的细节[59]。通常人们无法用某一个特定的阻尼模型来分析描述其特性。估算结构阻尼最常用的方法就是测量。但是，测量值只能通过控制环境、早期数据等估算机械系统中出现的其他类型阻尼（如材料阻尼）[60]。

通常在建立动态系统的振动模型时，如果系统中存在结构阻尼，考虑结构阻尼在动态系统中产生的效应会远大于内部阻尼在动态系统中所产生的效应。会将系统中的内部阻尼忽略不计。在高楼、桥梁、车辆导轨、许多其他土木结构工程和机器人、发动机的悬架系统等机械装置中，一般这些系统中的结构阻尼在动态过程中所产生的阻尼效应要远大于系统自身的内部阻尼在动态过程中所产生的阻尼效应[61]。而滑动阻尼在系统的动态过程中所产生的阻尼效应主要是来自于（干燥）摩擦，该摩擦则取决于多种因素。这些因素包括有连接力（如螺栓拉紧力）、表面特性和接合面的材料性质。以上这些又和结构联结点的磨损、腐蚀和一般退化有关[62-66]。由此看来，滑动阻尼与时间有关。通常我们将阻尼层置于接合处用来减少那些不必要的退化。滑动会导致阻尼层的剪切变形，同时通过材料阻尼和摩擦产生能量耗散。这样，既不会带来接合处过度退化，又能保持一个高水平的等效结构阻尼。这些阻尼层需要有较高的刚度（也要有较高的比阻尼容量）来承受接合处的结构载荷。

3. 流体阻尼（通过流体-结构相互作用）

一个在流体介质中运动的机械部件，其相对运动方向平行于 y 轴。部件相对于周围流体的局部位移由 $q(x,z,t)$ 表示。

在 x-z 平面上，单位投影面积产生的阻力由 f_d 表示。该阻力导致流体阻尼中的机械能耗散，通常表示为

$$f_\text{d} = \frac{1}{2}c_\text{d}\rho q^2 \text{sgn}(q) \tag{1-1}$$

式中　q——相对速度，$q = \partial q(x,z,t)/\partial t$；

　　　c_d——阻尼系数，是雷诺数和结构横截面几何形状的函数；

　　　ρ——流体密度。

净阻尼效果由黏性拖拽和压力拖拽产生，其中黏性拖拽由在流体-结构界面的边界层效应产生，而由流体分离造成的湍流效应（涡区）将产生压力拖拽[67]。

$\text{sgn}(q)$根据输入值的正负号返回相应的符号。

当 $q > 0$ 时，$\text{sgn}(q) = 1$；

当 $q = 0$ 时，$\text{sgn}(q) = 0$；

当 $q < 1$ 时，$\text{sgn}(q) = -1$。

对于流体阻尼，在 $x\text{-}z$ 平面上，与结构构造有关的单位体积内的阻尼容量表示为

$$d_t = \frac{\oiint\int_0^{L_x}\int_0^{L_z} f_\text{d}\,\text{d}z\text{d}x\text{d}q(x,z,t)}{L_x L_z q_0} \tag{1-2}$$

式中　L_x、L_z——表示 x、z 方向上的横截面尺寸；

　　　q_0——相对位移的归一化幅值参数。

在本章，将重点介绍阻尼是机械系统的固有属性。

1.1.2　振动分析中的阻尼表达

要在系统动态分析中体现阻尼详细的微观表达式是不切合实际的[68-71]。如果用 n 维广义坐标的矢量 $\boldsymbol{x}$ 来描述一个具有 n 个自由度的普通系统，则

$$M\ddot{\boldsymbol{x}} + \boldsymbol{d} + K\boldsymbol{x} = \boldsymbol{f}(\boldsymbol{t}) \tag{1-3}$$

式中　　M——惯性矩阵；

　　　　d——阻尼力矢量，是 x 和 $\dot{x}$ 的一个非线性函数；

　　　　K——刚度矩阵；

　　　$f(t)$——外界激振力函数矢量。

由阻尼模型[72]，运动方程可以用下式表示：

$$M\ddot{x} + C\dot{x} + Kx = f(t) \qquad (1\text{-}4)$$

以比例阻尼模型分析则：

$$C = c_{\mathrm{m}}M + c_{\mathrm{k}}K \qquad (1\text{-}5)$$

式中　　c_{m}——惯性阻尼系数；

　　　　c_{k}——刚度阻尼系数。

式（1-5）右边第一项是惯性阻尼矩阵。在每个集中质量上相应的阻尼力与其动量成比例。这代表能量耗散与动量改变（如撞击）有关。第二项则为刚度阻尼矩阵。因此，式（1-5）代表了线性结构阻尼的一种简化形式。

1. 等效黏性阻尼

在外部激励的作用下，一个单自由度的线性黏性阻尼系统，其一个单位质量的运动微分方程可用式（1-6）表示。

$$\ddot{x} + 2\zeta\omega_{\mathrm{n}}\dot{x} + \omega_{\mathrm{n}}^2 x = \omega_{\mathrm{n}}^2 u(t) \qquad (1\text{-}6)$$

式中　　ζ——阻尼比；

　　　　ω_{n}——无阻尼固有频率。

如果激励是频率为 ω 的正弦激励，则响应 $u(t)$ 为

$$u(t) = u_0\cos\omega t \qquad (1\text{-}7)$$

式中　　u_0——响应幅值；

　　　　ω——简谐运动的角频率；

　　　　t——时间。

那么系统的稳态响应 x 可表示为

$$x = x_0 \cos(\omega t + \phi) \tag{1-8}$$

其中响应幅值是

$$x_0 = u_0 \frac{\omega_n^2}{\left[(\omega_n^2 - \omega^2) + 4\zeta^2 \omega_n^2 \omega^2 \right]^{\frac{1}{2}}} \tag{1-9}$$

且响应的初相位角为

$$\phi = -\arctan \frac{2\zeta\omega_n\omega}{(\omega_n^2 - \omega^2)} \tag{1-10}$$

ΔU 为在一个运动周期内耗散的能量，表示为

$$\Delta U = \oint f_d \mathrm{d}x = \int_{-\phi/\omega}^{(2\pi-\phi)/\omega} f_d \dot{x} \mathrm{d}t \tag{1-11}$$

式中　f_d——黏性阻尼力。

由于质量归一化，那么黏性阻尼力可以表示为

$$f_d = 2\zeta\omega_n \dot{x} \tag{1-12}$$

对于黏性阻尼，阻尼容量 ΔU_v 可以表示为

$$\Delta U_v = 2\zeta\omega_n \int_0^{2\pi/\omega} \dot{x}^2 \mathrm{d}t \tag{1-13}$$

将式（1-8）代入式（1-13）得到：

$$\Delta U_v = 2\pi x_0^2 \omega_n \omega \zeta \tag{1-14}$$

对于一般类型阻尼，运动方程将表示为

$$\ddot{x} + d(x, \dot{x}) + \omega_n^2 x = \omega_n^2 u(t) \tag{1-15}$$

一个周期内能量耗散可表示为

$$\Delta U = \int_{-\phi/\omega}^{(2\pi-\phi)/\omega} d(x, \dot{x}) \dot{x} \mathrm{d}t \tag{1-16}$$

式中　$d(x, \dot{x})$——阻尼力表达式。

考虑质量归一化，对于流体阻尼 c，阻尼容量是

$$\Delta U_f = \int_{-\phi/\omega}^{(2\pi-\phi)/\omega} c|\dot{x}|\dot{x}^2 \mathrm{d}t \tag{1-17}$$

将式（1-8）代入到式（1-17）中得到稳定简弦运动下的阻尼容量为

$$\Delta U_{\mathrm{f}} = \frac{8}{3} c x_0^3 \omega^2 \tag{1-18}$$

通过比较式（1-18）和式（1-14），可得流体阻尼的等效阻尼比为

$$\zeta_{\mathrm{f}} = \frac{4}{3\pi} \left(\frac{\omega}{\omega_{\mathrm{n}}} \right) x_0 c \tag{1-19}$$

其中，x_0 是方程（1-9）中给出的稳态振动的幅值。需要注意的是，对于非黏性阻尼类型，ζ_{f} 是振动频率和激励幅值的函数。而表 1-1 中给出的表达式由假设简弦激励导出。当采用非简弦激励表达式时，应该进行工程判断。

表 1-1　一般类型阻尼的等效阻尼比表达式

阻尼类型	单位质量阻力	等效阻尼比 ζ_{eq}
黏性	$2\zeta\omega_{\mathrm{n}}\dot{x}$	ζ
迟滞	$\dfrac{c}{\omega}\dot{x}$	$\dfrac{c}{2\omega_{\mathrm{n}}\omega}$
结构	$c\lvert x\rvert\mathrm{sgn}(\dot{x})$	$\dfrac{c}{\pi\omega_{\mathrm{n}}\omega}$
结构库仑	$c\,\mathrm{sgn}(\dot{x})$	$\dfrac{2c}{\pi x_0\omega_{\mathrm{n}}\omega}$
流体	$c\lvert\dot{x}\rvert\dot{x}$	$\dfrac{4}{3\pi}\left(\dfrac{\omega}{\omega_{\mathrm{n}}}\right)x_0 c$

2. 损耗因子

一个完整运动周期中，消耗的能量（阻尼能）ΔU 为

$$\Delta U = \oint f_{\mathrm{d}} \mathrm{d}x \tag{1-20}$$

那么阻尼能比 D [每个周期耗散的能量（ΔU）与系统初始的最大能量（$U_{\max}$）之比] 为

$$D = \frac{\Delta U}{U_{\max}} \tag{1-21}$$

若一个阻尼周期内，每弧度的比阻尼容量为损耗因子 η，则

$$\eta = \frac{\Delta U}{2\pi U_{\max}} \tag{1-22}$$

又：

$$\Delta U = 2\pi x_0^2 \omega_n \omega \zeta \tag{1-23}$$

式中　x_0——简谐运动振幅；

　　　ω——简谐运动的角频率；

　　　ω_n——无阻尼固有频率；

　　　ζ——阻尼比。

则：

$$U_{\max} = \frac{k}{2m}x_0^2 = \frac{1}{2}\omega_0^2 x_0^2 \tag{1-24}$$

式中　k——刚度；

　　　m——质量。

因此，一个黏性阻尼简单振子的损耗因子 η 表示为

$$\eta = \frac{2\pi x_0^2 \omega_n \omega \zeta}{2\pi \frac{1}{2}\omega_n^2 x_0^2} = \frac{2\omega\zeta}{\omega_n} \tag{1-25}$$

对于自由衰减系统，角频率 ω 与系统的固有频率 ω_d 的关系可表达为 $\omega = \omega_d \approx \omega_n$，其中后者近似适用于小阻尼。对于强迫振动，最剧烈的振动响应情况出现在 $\omega = \omega_d \approx \omega_n$ 时，此时必须考虑能量的耗散[73]。无论何种情况，损耗因子 η 近似表示为

$$\eta = 2\zeta \tag{1-26}$$

对于其他阻尼类型，当用等效阻尼系数 ζ_{eq} 代替 ζ 时，式（1-26）中的关系仍然不便。

一些普通材料的损耗因子见表1-2。常用阻尼参数的定义见表1-3。

表1-2　一些普通材料的损耗因子

材料	损耗因子（$\eta \approx 2\zeta$）
铝	$2 \times 10^{-5} \sim 2 \times 10^{-3}$
混凝土	$0.02 \sim 0.06$
玻璃	$0.001 \sim 0.002$
橡胶	$0.1 \sim 1.0$
钢	$0.002 \sim 0.01$
木头	$0.005 \sim 0.01$

表1-3　常用阻尼参数的定义

参数	定义	数学公式
阻尼能（ΔU）	每个周期耗散的能量（位移-力迟滞回路面积）	$\oint f_{\mathrm{d}}\mathrm{d}x$
单位体积阻尼能	每个周期单位材料体积耗散的能量［应变（ε）-应力（σ）迟滞回路面积］	$\oint \sigma \mathrm{d}\varepsilon$
阻尼能比（D）	每个周期耗散的能量（ΔU）与系统初始的最大能量（$U_{\max}$）之比	$\dfrac{\Delta U}{U_{\max}}$
损耗因子（η）	每个周期单位角度耗散能比	$\dfrac{\Delta U}{2\pi U_{\max}}$

1.1.3　阻尼的测量

在测阻尼前，首先需要确定一个（振动模型）数学表达函数，便于充分地描述振动系统中振动机械能损耗的现象和本质。然后需要逐一确定测量振动模型的参数。

然而，通常，在工程实际应用中，在各种外部环境下运行的振动力学耦合设备，对于建立任何一个零部件既符合实际运行状况又容易加工的振动模型是极其困难的。最主要的原因是无法将振动模型中的各种阻尼（如流体、结构和材料）从总体的振动测量数据中独立地分离出来。即使已经有了一个满意的阻尼模态，但它的阻尼参数的试验也可能是烦琐乏味的。准确来说，为了得到可靠的测量数据，测量阻尼必须结合实际工况，在振动实际发生的状态下才能得出可靠的测量数据。

在实际测量中，如果一种阻尼（如流体阻尼）被消除了，那么是不能再现或重复实际工作条件的。这同样会把消除的阻尼类型与其他类型阻尼之间可能的耦合效应根除掉。实际上，系统的总阻尼一般不等于各个阻尼单独作用之和。使用试验数据来分析计算等效阻尼数值的前提限制条件是假定动态系统的特性是线性规律变化的。如果系统是强非线性，那么阻尼估计会有较大错误。然而，当用试验数据估计阻尼参数时，习惯假定系统具有线性黏性特性[74]。

通常测量阻尼的方法有两种：其中一种测量阻尼的方法是采用时程响应记录来估算阻尼的数值，而另外一种测量阻尼的方法则是采用系统的频响函数来估算阻尼的数值[75]。

1. 对数衰减法

在脉冲输入激励下（或初始条件激励），具有黏性阻尼的单自由度振动系统的响应是随时间而衰减的，其时域表达式为

$$y = y_0 \exp(-\zeta \omega_n t) \sin(\omega_d t) \tag{1-27}$$

式中　y_0——振幅；

　　　ζ——阻尼比；

　　　ω_n——无阻尼固有频率；

　　　ω_d——有阻尼的固有频率；

　　　t——时间。

其中有阻尼的固有频率 ω_d 为

$$\omega_d = \sqrt{1-\zeta^2}\,\omega_n \tag{1-28}$$

如果在 $t = t_i$ 时刻的响应为 y_i，且在 $t = t_i + 2\pi r/\omega_d$ 时刻的响应为 y_{i+r}，那么根据式（1-27）可得到

$$\frac{y_{i+r}}{y_i} = \exp\left(-\zeta \frac{\omega_n}{\omega_d} 2\pi r\right) \quad i = 1,2,\cdots,n \tag{1-29}$$

特别的，假定 y_i 对应时间函数的一个峰值，幅值为 A_i，且 y_{i+r} 对应时间响应中第 r 个周期后的峰值，幅值为 A_{i+r}。甚至对于时程响应任意间隔 r 个周期的两点，以上公式依然成立。且在当前测量步骤中，选取峰值点，这是因为这些值比起时程响应中其他任一点大。那么，使用式（1-28）可得到

$$\frac{A_i}{A_{i+r}} = \exp\left(-\zeta \frac{\omega_n}{\omega_d} 2\pi r\right) = \exp\left(-\frac{\zeta}{\sqrt{1-\zeta^2}} 2\pi r\right) \tag{1-30}$$

则每个周期对数衰减率 δ 为

$$\delta = \frac{1}{r}\ln\left(\frac{A_{i+r}}{A_i}\right) = \frac{2\pi\zeta}{\sqrt{1-\zeta^2}} \tag{1-31}$$

δ 可以表示为

$$\delta = \frac{1}{\sqrt{1+(2\pi/\zeta)^2}} \tag{1-32}$$

对于小阻尼（一般 $\zeta < 0.1$），$\omega_d \approx \omega_n$，则式（1-31）变为

$$\frac{A_i}{A_{i+r}} = \exp(-\zeta 2\pi r) \tag{1-33}$$

或

$$\zeta = \frac{1}{2\pi r}\ln\left(\frac{A_i}{A_{i+r}}\right) = \frac{\delta}{2\pi}(\zeta < 0.1) \tag{1-34}$$

实际上，这就是"每弧度"对数衰减率。

根据式（1-34）可以从自由衰减记录中估计出阻尼比。具体来说，确定了衰减响应中间隔 r 个周期的幅值之比，并代入（1-34）中，就得到了等效阻尼比。

另外，如果把衰减响应中相隔 n 个周期的幅值之比用系数 2 表示，并代入式（1-34）中，就得到：

$$\zeta = \frac{1}{2\pi}\ln 2 = \frac{0.11}{n}(\zeta < 0.1) \tag{1-35}$$

对于缓慢衰减（小阻尼），可以得到：

$$\ln\left(\frac{A_i}{A_{i+r}}\right) = \frac{2(A_i - A_{i+1})}{(A_i + A_{i+1})} \tag{1-36}$$

接着，根据式（1-34）得到：

$$\zeta = \frac{A_i - A_{i+1}}{\pi(A_i + A_{i+1})} \quad \zeta < 0.1 \tag{1-37}$$

式（1-32）、式（1-34）、式（1-35）和式（1-37）中的任意一个都可以用来计算测试数据中的 ζ。应该注意以上结果都假定系统具有单自由度特性。对于多自由度系统，如果初始激励使系统的衰减主要以一种振动模态发生，那么可以采用上面的方法来确定每阶模态的阻尼比。也就是假定存在模态分离和存在"实模态"（不是"负模态"和非比例阻尼）。

2. 阶跃响应法

阶跃响应法同样是一种时间响应方法。如果单位阶跃激励作用到单自由度振子系统上，那么它的时程响应为

$$y(t) = 1 - \frac{1}{\sqrt{1 - \zeta^2}} \exp(-\zeta\omega_n t)\sin(\omega_d t + \phi) \tag{1-38}$$

上式中，$\phi = \cos\zeta$。第一个峰的时间 T_p 为

$$T_p = \frac{\pi}{\omega_d} = \frac{\pi}{\sqrt{1 - \zeta^2 \omega_d}} \tag{1-39}$$

在时间 T_p 时的响应 M_p 为

$$M_p = 1 + \exp(-\zeta\omega_n T_p) = 1 + \exp\left(\frac{-\pi\zeta}{\sqrt{1 - \zeta^2}}\right) \tag{1-40}$$

过冲百分比 P_O 为

$$P_O = (M_p - 1) \times 100\% = 100\exp\left(\frac{-\pi\zeta}{\sqrt{1 - \zeta^2}}\right) \tag{1-41}$$

因此，如果阶跃响应记录中 T_p、M_p 或 P_O 中有一个参数已知，那么采用下面合适的关系，就可以计算出对应的阻尼比：

$$\zeta = \sqrt{1 - \left(\frac{\pi}{T_p\omega_n}\right)^2} \tag{1-42}$$

$$\zeta = \frac{1}{\sqrt{1 + \dfrac{1}{\left[\dfrac{\ln(M_p - 1)}{\pi}\right]^2}}} \tag{1-43}$$

$$\zeta = \frac{1}{\sqrt{1 + \dfrac{1}{\left[\dfrac{\ln(P_O/100)}{\pi}\right]^2}}} \tag{1-44}$$

应该注意的是，当确定 M_p 值时，响应曲线应该归一到单位稳态值。更进一步说，以上结果仅对单自由度和多自由度中的模态激励有效。

3. 迟滞回线法

机械系统若有阻尼，其净功应当等于阻尼耗散的能量。可以用式（1-22）来计算得到损耗，利用式（1-26）计算阻尼比。

4. 放大因子法

放大因子法是一种频域响应方法。考虑一个带有黏性阻尼的单自由度振子系统。它的频响函数的幅值 $|H(\omega)|$ 为

$$|H(\omega)| = \frac{\omega_n^2}{[(\omega_n^2 - \omega^2)^2 + 4\zeta^2 \omega_n^2 \omega^2]^{1/2}} \qquad (1-45)$$

当分母表达式取得最小值时，幅值出现峰值。它对应于：

$$\frac{d}{d\omega}[(\omega_n^2 - \omega^2)^2 + 4\zeta^2 \omega_n^2 \omega^2] = 0 \qquad (1-46)$$

式（1-46）的解就是共振频率 ω_r，

$$\omega_r = \sqrt{1 - 2\zeta^2} \omega_n \qquad (1-47)$$

注意 $\omega_r < \omega_d$，但是对于小阻尼 $\zeta < 0.1$，ω_n、ω_d 和 ω_r 的数值几乎相等。放大因子 Q 是频响函数在共振频率处的幅值，则求 Q 为

$$Q = \frac{1}{2\zeta \sqrt{1 - \zeta^2}} \qquad (1-48)$$

而 $\zeta < 0.1$，存在：

$$Q = \frac{1}{2\zeta} \qquad (1-49)$$

实际上，式（1-49）对应的是频响函数在频率 $\omega = \omega_n$ 处的幅值。

如果可以得到频响函数的幅值曲线，那么利用式（1-49）即可以估计系统阻尼比 ζ。当采用这种方法时，频响函数曲线必须归一化，目的就是让零频率处的幅值（称为静态增益）变为 1。

5. 带宽法

带宽阻尼测量法同样基于频响函数。单自由度带黏性阻尼振子系统的频响函数幅值由式（1-49）给出。半功率带宽定义为当幅值为峰值的 $1/\sqrt{2}$ 倍时频响函数幅值曲线的宽度，带宽用 $\Delta\omega$ 表示，用式（1-45）求得带宽 $\Delta\omega = \omega_2 - \omega_1$。根据定义，$\omega_1$ 和 ω_2 是下面方程式 ω 的根

$$\frac{\omega_n^2}{[(\omega_n^2 - \omega^2)^2 + 4\zeta^2\omega_n^2\omega^2]^{1/2}} = \frac{1}{\sqrt{2} \times 2\zeta} \tag{1-50}$$

式（1-50）可以表示成下面的形式为：

$$\omega^4 - 2(1 - 2\zeta^2)\omega_n^2\omega^2 + (1 - 8\zeta^2)\omega_n^4 = 0 \tag{1-51}$$

这是一个 ω 的四次方程，具有 ω_1^2 和 ω_2^2，并满足：

$$(\omega^2 - \omega_1^2)(\omega^2 - \omega_2^2) = \omega^4 - (\omega_1^2 + \omega_2^2)\omega^2 + \omega_1^2\omega_2^2 = 0 \tag{1-52}$$

相应有：

$$\omega_1^2 + \omega_2^2 = 2(1 - 2\zeta^2)\omega_n^2 \tag{1-53}$$

和

$$\omega_1^2\omega_2^2 = (1 - 8\zeta^2)\omega_n^4 \tag{1-54}$$

因而存在：

$$(\omega_2 - \omega_1)^2 = \omega_1^2 + \omega_2^2 - 2\omega_1\omega_2 = 2(1 - 2\zeta^2)\omega_n^2 - 2\sqrt{1 - 8\zeta^2}\omega_n^2 \tag{1-55}$$

对于小于 ζ（和 1 相比），可以得到：

$$\sqrt{1 - 8\zeta^2} \approx 1 - 4\zeta^2 \tag{1-56}$$

因此

$$(\omega_2 - \omega_1)^2 \approx 4\zeta^2\omega_n^2 \tag{1-57}$$

或者，对于小阻尼有：

$$\Delta\omega = 2\zeta\omega_n = 2\zeta\omega_r \tag{1-58}$$

根据式（1-58），采用下面关系可以从带宽中估计出阻尼比

$$\zeta = \frac{1}{2}\frac{\Delta\omega}{\omega_r} \tag{1-59}$$

对于小阻尼，上述方法是有效可行的，但是它是基于线性系统分析的。使用试验方法确定的阻尼值存在一定的限制。比如，采用时程响应方法确定设备高阶模态的阻尼时，习惯性步骤就是先用简弦激振器在所需的共振频率处激振系统，然后释放激振机构。但是，在随后的瞬态振动中，除了比例阻

尼外，不可避免地存在模态耦合。在这类测试中，其实默认了设备可以用特殊的模式激振。本质上，在阻尼测量中都假定了比例阻尼。这就给测量的阻尼值带来了一定的误差[76]。

根据测试结果来计算阻尼参数的表达式一般是基于线性系统理论的。然后，所有的实际设备都会呈现一些非线性特性。如果非线性程度较高，那么测量得到的阻尼值是不能代表实际系统特性的。更进一步的是，试验确定阻尼通常是在低振幅情况下完成的。对应的响应可能比极端工作条件下展示的振幅要小一个能级。除了相对低的振幅外，实际设备中的阻尼会随运动幅值的增加而增加。

当采用频响函数幅值曲线估计阻尼值时，精度在小阻尼比小于1%时变得很差。出现此种情况的原因在于：在用试验方法确定频响函数时，靠近弱的阻尼共振处的幅值曲线很难获得足够的点，因而，振幅曲线在微弱的阻尼共振峰附近不能很好地描述；在大阻尼处，时间速度太快，以致测量中包含了较大的误差；密集模态的干涉也可能影响测量的阻尼结果。

1.1.4　振动设计与控制

机械振动的情形有些是受欢迎的，而有些是不受欢迎的。不良振动会造成人体不舒适、结构退化和失效、性能恶化、机械和加工故障，以及其他各种问题[77]。通常情况下，一套振动规范会给出简单的阈值或频谱，其目标是设计或者控制系统以满足这些要求。振动设计与控制程序的主要目标就是必须确保在正常工作条件下，系统不会遇到振动水平超过规定值。那么在这种情况下，制定振动限值的方式变得非常重要。

1. 峰值规范

一个机械系统振动的限值，既可以在时间域规定，也可以在频域中规定。在时间中，最简单的规范是振动峰值水平（通常的加速度是 g，即重力加速度）。在这里，控制技术应确保系统的振动响应峰值不超过规定的水平[78]。在这种情况下，整个系统的运行间隔时间要进行监测，并按规范对峰值进行检查。这个峰值是指在具有意义的，特定时间常数时的瞬时峰值，也就是代表振动所用的瞬时峰值，而不是平均振幅或平均能量。

2. 均方根值规范

振动信号 $y(t)$ 的均方根（RMS）等于该信号平方的平均，再开根号：

$$y_{RMS} = \left(\frac{1}{T} \int_0^T y^2 \mathrm{d}t \right)^{\frac{1}{2}} \tag{1-60}$$

式中 T——周期。

注意，平方信号标志着淘汰了信号本身，而实际上使用的信号能量级。平方信号被平均的周期 T，取决于问题和信号的性质。对于周期信号，一个周期就足够用于平均了。对于瞬态信号，振动系统的几个时间常数（通常是4倍的最大时间常数）就足够了。对于随机信号，这个数值应尽可能使用大的数值。

在以 RMS 值为规范的方法中，采用式（1-60）计算加速度响应（通常，加速度以 g 表示）的 RMS 值，并与规范值进行比较。在此方法中，振动瞬间爆发并不会产生有显著影响，因为它们会因积分而被过滤掉，即所考虑信号的平均能量或平均功率。暴露时间以间接的方式进入到图像中，且方式也不理想。例如一个非常短暂的振动信号最初可能具有破坏性的影响。但是式（1-60）中采用的 T 越大，计算得到的 RMS 值越小。因此，在这种情况下，采用较大的 T 值将导致削弱或者掩盖潜在的损害。在实践中，暴露在振动信号中的时间越长，造成的伤害则越大。因此，当使用如峰值和 RMS 值作为规范时，必须根据暴露时间对它们进行调整。具体来说，一个更大值的规范应该用于较长时间的暴露[79]。

3. 频域规范

只是指定一个单一的振动阈值来限制一个复杂的动态系统的振动情况是

不现实的。通常情况下，振动对系统的影响至少取决于以下三个参数：

1）振动水平（峰值、有效值、功率等）。

2）激励频率的内容（范围）。

3）振动暴露时间。

下面情况尤其如此：因为激励产生的振动环境不一定是单频（正弦）信号，可能是宽带和随机的。此外，针对振动激励的系统响应将取决于其频率传递函数，而频率传递函数又决定了其共振和阻尼特性。在这种情况下，最好是提供一诺模图在水平轴给出频率（Hz）；在垂直轴给出运动变量如位移（m）、速度（m/s）或加速度（m/s²或 g）。用上述运动变量的哪一个来代表诺模图的垂直轴并不重要，这是因为在频域中以下关系真实存在：

$$速度 = j\omega \times 位移 \tag{1-61}$$

$$加速度 = j\omega \times 速度 \tag{1-62}$$

式中　j——转动惯量。

一个运动形式可能很容易地转化为其余两项运动表达式中的一种。在每一个表达形式中，假设诺模图的两根轴使用对数尺度，则恒定位移、恒定速度、恒定加速度线段均为直线。

一个简单的机械振动规范限值如下：

$$位移限制值（峰值） = 0.001m \tag{1-63}$$

$$速度限制值 = 0.01m/s \tag{1-64}$$

$$加速度限制值 = 1.0g \tag{1-65}$$

该规范可表示以速度对数与频率对数为轴的诺模图。通常，在这种频域中简单规范是不够的。如上所述，系统的行为会根据激励频率范围而变化。例如人类在运动中产生的眩晕主要在 0.1~0.6Hz 的范围、在横向运动上是 1~2Hz 的范围。对于任何动态系统，特别是在低阻尼范围内，应避免相邻的共振频率，且它应当由共振范围内的低振动限值来规定。此外，振动暴露持续时间应该在规范中明确考虑[80]。

　　需要注意的是，我们在设计和控制上下文中考虑的规范是振动上限。该系统的正常工作条件应该低于（或位于）规范值，测试规范是下限。试验应该处于这些振动水平上或高于这些振动水平，目的是使系统能够满足测试规范。

1.1.5　振动的被动控制

　　振动控制的特点是使用一个传感设备检测系统中振动的水平，并采用驱动（强迫）装置对系统施加强迫作用来抵消振动的影响。在一些这样的设备中，传感和强迫作用是内含的，并集成在一起[81-83]。

　　振动控制可以分为两大类：被动控制和主动控制。

　　被动振动控制采用无源控制器。根据定义，无源器件无须外部能源来支持他们的工作。在此讨论的两种被动振动控制器是吸振器（或动力吸振器或 Frahm 减振器，Frahm 是第一个采用该技术控制船舶振动的）和减振器。阻尼器是耗散能量的设备，他的工作原理是直接消耗振动能量，并不是通过从系统吸收能量来降低振动作用的。因此，这是一个更浪费的设备，这也可能会出现于磨损和热效应相关的问题。然而，它比吸振器好的地方在于有更广泛的工作频率[84]。

1. 无阻尼吸振器

　　动力吸振器（或动态减振器、吸振器）是一个简单的有极低阻尼的质量-阻尼-弹簧振子。吸振器调谐到机械系统的一个振动频率处，并能接收来自主系统在该频率处显著部分的振动质量。实际上，吸振器振动产生了与主系统振动激励相反的振动力，从而实际地消除了振动的影响。从理论上讲，在吸振器进行振动运动时，主系统的振动可以完全被消除。实际上，吸振器的阻尼相当低，所以我们将首先考虑无阻尼吸振器的情况[85]。

　　吸振器可以用于两种常见类型的振动控制中。在这里，将需要振动控制的主系统建模为一个无阻尼单自由度质量-弹簧系统（由下标 p 表示）。无阻尼吸振器也是一个单自由度质量-弹簧系统（由下标 a 表示）。吸振器的目标是减少由振动激励 $f(t)$ 引起对主系统的振动响应 y_p。激振力 f_s 由振动响应传递给支撑结构，用下式表示：

$$f_s = k_p y_p \tag{1-66}$$

式中　　k_p——弹簧刚度系数。

　　因此，减少 y_p 的目标也就是减少这种振动传递力（隔振目标）。在第二类的应用中，主系统受到振动支撑运动的激励，此时吸振器的目的是为了减少主系统产生的振动运动 y_p。注意，在这两种类型的应用中，目的都是减少振动的响应。因此，静负荷（如重力）不在分析考虑的范围中。

2. 有阻尼吸振器

　　阻尼并不是吸振器完成振动控制的主要手段。如上所述，吸振器从主系统获得振动能量（并反过来，对系统施加大小相等、方向相反的激振力），从而抑制振动。吸振器吸收的能量要逐步耗散，因此，吸振器中应当存在一些阻尼。此外，在没有阻尼时，添加吸振器产生的两个共振的幅值为无穷大。因此，阻尼具有降低这些共振峰值的好处。对于包含有阻尼吸振器的系统的分析与以上方法是相似的，但与无阻尼吸振器相比较要复杂得多。吸振器的优化设计不仅要在公共交叉点上有相同的响应幅值，而且共振应当发生在这些点上，从而使在吸振器调谐频率附近区域的响应幅值平衡和均匀。吸振器是简单的无源装置，常用于窄带振动控制中（仅限于非常小的频率间隔）。吸振器还应用于以下场合的振动抑制：电力传输线、消费类电子产品、汽车发动机和工业机械[86]。

3. 减振器

　　减振器，又称振动吸收器，是简单而有效的无源装置，可用于振动控制。

它们还有非耗散的优点，但是仅在很小的范围内有效。当需要在很宽的频率范围内被动振动控制时，更倾向于选择减振器[87,88]。

减振器为耗散设备，减振器通过直接消耗主（振动）系统的振动能量来控制振动。但是，会产生大量的热，并带来相关的散热问题和部件磨损[89]。因此，在某些特殊情况可能需要冷却（如使用风扇、冷却液循环、热传导阻滞）。

系统若运行在共振点附近，危害极大。选择适当的阻尼性质和数值是有效利用减振器进行振动控制的关键[90]。在物理系统上来说，减振器是非线性的、依赖于频率的，且是时变的、与环境（如温度）有关的。对于不同类型的阻尼可以使用不同的模型，但是这些都是近似的表示。在实践中，通过对使用阻尼器的类型、系统的特性、特定的用途及工作速度的考虑，决定适合使用哪种特殊模型（线性黏性、迟滞、库仑、二次方的空气动力型等）。除了简单的黏滞减振器的线性理论外，在实际设计中还应考虑阻尼具体的物理性质。

1.1.6　振动的主动控制

被动振动控制是相对简单和直接的，虽然稳定、可靠、经济，但是它具有局限性。注意，被动装置产生的控制力完全依赖于固有动力学。一旦设备设计完成（比如，完成了质量、阻尼系数、刚度和位置等参数的选择），就不可能实时调整自然产生的控制力。此外，无源装置没有外部能源的供应。因此，控制力的幅值也不能根据自然值改变。由于无源装置对系统的响应是一个对于整个系统动力学的整体过程，所以它并不能直接针对特定的响应（如特定模态）起到控制作用。这会导致不完整的控制，特别是在复杂和高阶模态系统中[91]。被动控制这些缺点是可以使用主动控制克服的。在这里，系统的响应是直接利用传感器装置感应，且特定的、理想值控制动作时可以施加于系统的理想位置或者系统的理想模态上。

振动控制的目的是激发振动系统，以控制振动响应在合理的范围内。在主动的反馈控制范围中，控制器在完成确定合适动作的任务过程中，使用测量到的响应信号，并与理想值进行比较。根据测量的响应信号和响应的期望值，产生控制行为的关系称为控制律[92]。有时，使用补偿器（模拟或数字，硬件或软件）来提高系统性能或提高控制器性能，使控制任务更容易完成。然而，根据我们的目的，我们可以把补偿器考虑作为控制器的组成部分。各种控制律，包括线性和非线性，都可以进行实际应用，其中的大部分都适用于振动控制。

1.2　国内外纳米磁性材料减振研究现状

K. Raj 和 B. Moskowitz 在 1980 年就设计了一款采用旋转式或线性阻尼器的磁性液体阻尼装置，对系统不必要的干扰振动进行了抑制[93,94]。随着此项技术的提出，越来越多的传统阻尼技术开始逐渐地更新换代，开始采用这项技术中提出的旋转式或线性阻尼器的磁性液体阻尼装置。随着此项技术的应用不断推广，许多国家陆续开展磁液阻尼技术的开发，主要研究将此项技术应用于增强国力的军事科技领域和航空航天科技领域。

当前，许多发达国家开发了品类繁多的以磁性液体作为介质的阻尼减振器[95-97]。卫星中的扰动振荡一直是科研人员亟待解决的科学难题。美国国家航空航天局（NASA）研制了一款磁性液体阻尼减振器，其结构见图 1-2，在卫星探测器中将磁性液体作为减振器的阻尼介质用于减振，巧妙地克服了此项科研难关。

如图 1-2 所示，在卫星工作过程中，当轮片发生振动时，磁性液体在磁场的作用下，会使轮片随磁性液体同时受到黏滞力矩的作用。在这款减振器

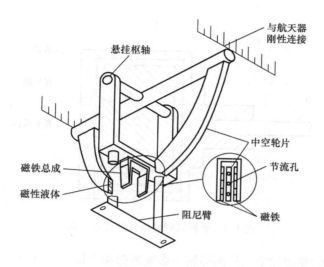

图 1-2　RAE 卫星用磁性液体阻尼减振器

的碳氧化合物的基载液中添加一款 α-甲基萘作为表面活性剂，形成一款轻质黏滞阻尼器件，使卫星中扰动振荡得到了有效的抑制。Rudolph Litte 等人依据 RAE 卫星所采用的减振结构所研制的使用磁性液体作为阻尼介质的减振器获得了专利[98]。

Ronald Moskowitz 等人设计了一款旋转式磁性液体惯性阻尼器，如图 1-3 所示[99]。被抑制的振动质量块与壳体固定，当运动状态发生改变时，便会产生相对运动，而相对运动物体间的磁性液体会受到黏性剪切作用，耗散能量从而达到阻尼效果。

Kogure T. 改动了这款旋转式惯性阻尼减振器的材料，将其材质选用不同膨胀系数的材料，分别用于减振器的外部壳体和耗能质量块，从而排除了热扰动的影响[100]。

Abe Masato 等人在前人研究的基础上对磁性液体进行了改进，研制了一项将磁性液体作为阻尼介质可调谐的减振器，如图 1-4 所示[101]。用磁性液体来替换普通可调谐式阻尼减振器的工作介质水，通过调节外界的磁场来控

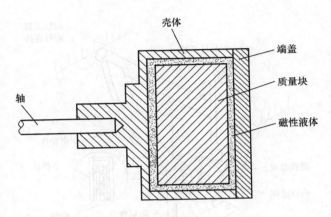

图 1-3　旋转式磁性液体惯性阻尼器

制磁性液体的晃动频率，从而抑制不必要的振动干扰。

后来，Ken-ichi Ohno 在前人的基础上研究了在振动过程中，磁性液体在 TMFD 中的运动状态，并提出了 TMFD 的设计方法[102-104]。

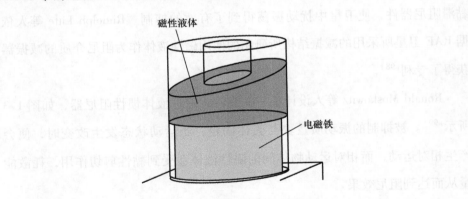

图 1-4　可调谐式磁性液体阻尼器

F. D. Ezekiel 研制了一款减振器，可有效抑制不需要的线性振动，如图 1-5 所示[105]。目前，对于离心转子的振动扰动，该款减振器能够有效抑制。

日本学者研制的一款阻尼器，如图 1-6 所示，该减振器的出现使微小阻尼效率随尺寸减小降低的问题迎刃而解[106,107]。

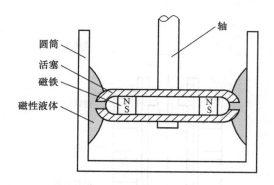

图1-5　磁性液体线性阻尼器

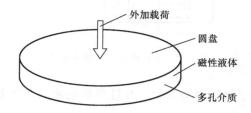

图1-6　多孔弹片磁性液体阻尼器

Shinichi Kamiyama 和 Kunio Shimada 开发了活塞式的磁性液体减振器，如图1-7所示[108]。这款减振器用于控制系统的动态特性，因为外加磁场能够改变磁性颗粒的内部微观结构。

Bashtovoi. V. G 等人将该型减振器应用于航天器的某些部件上，如和平号空间站的太阳能电池帆板[109-111]。而国内的航天器普遍采用金属橡胶或黏弹性材料阻尼减振。

近几十年来，国内外诸多学者对减振器做了探索[112-118]，目前，开发的减振器主要以下几种：黏弹性减振器、摩擦减振器、黏滞型减振器、金属屈服型减振器、复合型减振器和磁流变阻尼器[119]。

1. 黏弹性减振器

黏弹性减振器是应用材料的剪切滞回消耗能量以达到阻尼减振的目的[120]。几十年以前，黏弹性减振器应用于海洋勘探、工程建设及大型设备

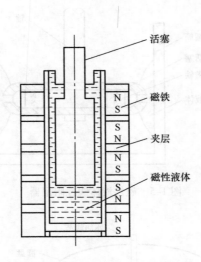

图 1-7　活塞式磁性液体阻尼器

方面。但是，高分子材料容易变形，并且剪切耗能会产生热效应，所以很难直接得出减振性能。

2. 摩擦减振器

摩擦减振器是在预紧力工况下结合而成的一个可以滑动摩擦的构件，并且利用摩擦耗能达到减振的作用效果[121]。目前，各式各样的摩擦减振器均已出现，我国科研人员开发的摩擦减振器阻尼大，而且库仑特征好、结构简易、造价低廉[122-126]，但是减振性能不太稳定。

3. 黏滞型减振器

黏滞型减振器应用活塞在缸体内往返相对运动产生能量耗散，从而达到减振的效果。因为该款减振器对阻尼材料有较高的要求，并且加工难度大，所以成本稍贵。

4. 金属屈服型减振器

金属屈服型减振器是应用材料在屈服时产生的塑性滞回变形而形成阻尼耗散能量，从而达到减振的效果。国内外科研学者设计了一系列金属屈服型减振器用于各行各业[127-129]，研究表明，该款滞回性较稳定，疲劳性能也比较好；然而，也正是由于金属特性，有些阻尼屈服后不能恢复会导致减振性能无法保证。

5. 复合型减振器

多种耗能机制或耗能元件构成了复合型减振器。1996 年，周福霖等人开发了一款多种不同组合形式的复合型减振器[130]。复合耗能减振器所运用的耗能机制纷繁复杂，减振性能要比单一机制的较好，但加工难度大，并不能广泛应用。

6. 磁流变阻尼器

磁流变阻尼器是半主动的控制装置，磁流变阻尼器如图 1-8 所示，其有响应速度比较快、能耗低、体积小、易于安装、安全可靠的优点。因此，磁流变阻尼器已经在航空、军事、建筑等领域广泛地应用。

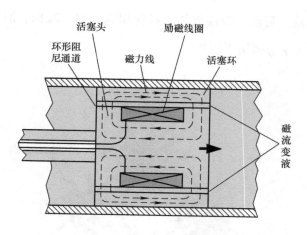

图 1-8　磁流变阻尼器工作原理

综合各种类型减振器的缺陷，本文设计了一款应用于精密仪器的新型磁性液体阻尼减振器。

1.3　纳米磁性液体的研究进展

1.3.1　磁性液体简介

磁性液体是将纳米级的磁性颗粒包覆活性剂以后，将其均匀地分布于基载液内，从而形成了一种内部均匀分布了磁性颗粒的胶体溶液。该溶液能够长期均匀稳定地存在，并且兼有磁性和流动性等特殊性质[131]。图 1-9 所示为磁性液体微观结构图。其组成部分主要包括纳米级的磁性颗粒（平均粒径在 10mm 左右）、表面活性剂和基载液。

当没有外界磁场作用时，磁性液体不会有磁滞现象；当有外界磁场作用时，磁性液体具有浮力特性[132]。由于这些特性的存在，磁性液体在工程领域应用前景广阔。目前，磁性液体已经应用到密封、减振、润滑、传感器、选矿、印刷、医学等领域[133-136]。

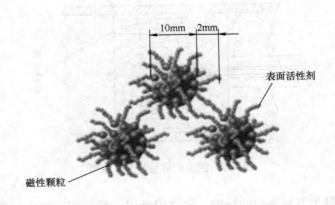

图 1-9　磁性液体微观结构图

1.3.2　磁性液体的分类及制备

一般来说，基载液、表面活性剂和磁性颗粒组成了磁性液体。磁性颗粒分布于不同的基载液中可以形成不同类型的磁性液体。基载液的选择不同，所形成的磁性液体性能也不一样。基载液可以选择煤油、水、酯和机油等。最常用的磁性颗粒为 Fe_3O_4 [137-142]。

常用的制备方法有化学共沉淀法和粉碎法。化学共沉淀法获得的 Fe_3O_4 颗粒直径平均值为 7nm，具有很好的表面吸附能力[143]，且效率高、成本低，应用广泛。粉碎法制备时间长、成本高，应用较少[144]。

1.3.3　磁性液体的典型应用

因为磁性液体具有特殊的性能，这就决定了其在工业生产有重要的应用，一般用于磁性液体密封、磁性液体润滑、磁性液体减振、磁性液体传感器等[145]。另外磁性液体在矿物分离、精密研磨抛光和医学等诸多方面也有很重要的应用意义[146]。

1. 磁性液体应用于机械密封结构

磁性液体应用于机械密封结构，其主要组成元件分别有磁性液体、极靴、导磁的轴和永磁体，如图 1-10 所示，在磁场的作用下，磁性液体会均匀地吸附在每一块极靴上，于是产生多个磁性液体的 "O" 形环，从而形成多个 "O 形圈" 密封[147]。

2. 磁性液体的应用——传感器

磁性液体传感器有压差传感器、水平传感器、振动传感器、磁场传感器等[148-150]。

1）磁性液体压差传感器结构如图 1-11 所示。P_1 和 P_2 的压力相同时，两边液面同高。P_1 和 P_2 不同时，两边液面不同高。电感线圈将两边液面高

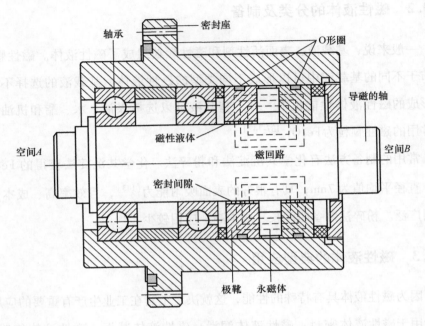

图 1-10　磁性液体密封结构

度差转为电信号，从而可以测出两边液面的压力差。

2）磁性液体水平传感器的基本结构结构如图 1-12 所示，当传感器随待测物发生倾斜时，磁性液体的液面会始终保持水平，感应线圈 1 和 3 中的液体产生了体积差，从而输出了电压信号。

3）磁性液体振动传感器的结构如图 1-13 所示，根据二阶浮力原理，永磁体会浸没于磁性液体的内部，那么永磁体在内壳中会稳定悬浮。在工作过程中，传感器会随着运动部件发生同样的运动状态，永磁体耗能质量块在减振器壳体的内部与装载有磁性液体的壳体内壁发生相对运动，然后霍尔元件将永磁体耗能质量块与壳体内壁产生的位置变化的信息转换成能够被测试仪器所识别和读取的信号再进行输出。

4）磁性液体磁场传感器结构如图 1-14 所示[151]。毛细管的两端分别固定在两个夹持组上且分别与两个储液腔密封连通，以使储液腔中的部分磁性

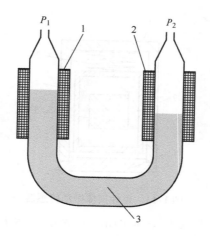

图 1-11　磁性液体压差传感器

1，2—电感线圈　3—磁性液体

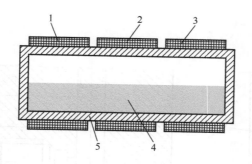

图 1-12　磁性液体水平传感器

1，2—感应线圈　3—激励线圈　4—磁性液体　5—壳体

液体从毛细管的两端进入毛细管内形成两个磁性液柱，两个磁性液柱之间设有气柱；线圈相对间隔地套设在毛细管的外周。该传感器的基本原理是测量能够穿透毛细管无芯光纤的透射光光谱的波长变化，或者测量透射光光波的能量损耗，来转换成磁场强度的变化。

3. 磁性液体减振器

磁性液体减振器结构如图 1-15 所示，在磁场的作用下，永磁体耗能质量

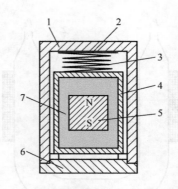

图 1-13　磁性液体振动传感器

1—壳体　2—霍尔元件　3—弹簧　4—内壁

5—永磁体耗能质量块　6—端盖　7—磁性液体

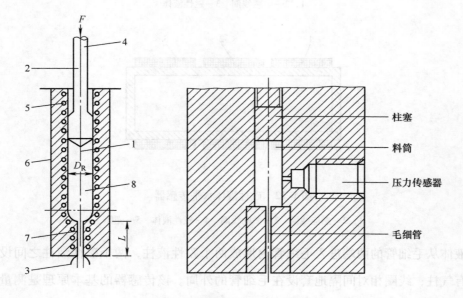

图 1-14　磁性液体磁场传感器

1—试梯　2—柱高　3—挤出物　4—载荷　5—加热线圈　6—保温套　7—毛细管　8—料筒

L—毛细管长　D_R—毛细管直径

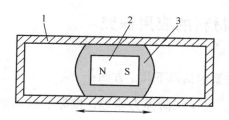

图 1-15　磁性液体减振结构

1—壳体　2—永磁体耗能质量　3—磁性液体

块沉浸在磁性液体中，并悬浮于减振器壳体内部的某个位置，但是不会与壳体内壁发生任何接触。减振器与被减振的物体刚性连接在一起。当系统产生振动时，因为减振器的壳体与被减振物体刚性连接在一起，所以减振器的壳体会随着被减振物体的运动状态而发生同样的运动。但是壳体内部的永磁体耗能质量块此时并不会与装载有磁性液体的减振器壳体产生相同的运动状态，而两者之间会产生相对运动。这样永磁体耗能质量块就会与磁性液体之间产生摩擦耗能，通过摩擦耗能从而起到减振的作用[152]。

4. 磁性液体润滑

磁性液体的基载液具有润滑作用，常用于轴承润滑。该液体润滑在磁场控制下，能够使润滑剂稳定地分布在润滑部位，不发生迁移和流失[153]。

5. 磁性液体的应用——医学

磁性针剂：将磁性液体注入动脉，在肿瘤部位施加外部磁场，用磁性液体将血管和肿瘤隔离，用激光定位照射精准杀死癌细胞[154]。

在动脉血管里有血栓形成，可以用磁性液体和溶解纤维蛋白酶合剂，依靠磁场作用将药剂吸到血栓处，使血栓溶解[155]。此外，还可以进行细胞分离、处理血液、研究病毒和 X 射线造影剂等[156]。

1.4　纳米磁性材料的应用探究

本文研究内容主要包括以下几个方面：

1）在理论方面，基于二阶浮力原理，推导了该减振器中永久磁铁浸没于磁性液体中的悬浮力计算方法，得出了影响永久磁铁悬浮力的数学关系；结合磁性液体阻尼减振器的振动模型，分析了减振器的减振性能，得出了影响减振性能的因素，以及各个影响因素与减振性能之间的关系。

2）在结构设计方面，针对精密仪器受随机振动的影响，提出了不同的设计模型，采用理论分析研究、仿真模拟与计算及与试验验证相结合的方法，确定了影响磁性液体减振性能的结构参数。

3）在仿真方面，应用 ANSYS 对永磁体耗能质量块在磁性液体中的悬浮力进行仿真分析，同时运用 Matlab 软件对减振模型进行了数据模拟，分析了系统各个参数变量对减振性能的影响，对减振器在随机振动作用下的响应进行了数据模拟分析。

4）在试验方面，研究了不同的初始振幅、永久磁铁不同结构参数、磁性液体饱和磁化强度对减振器减振性能的影响。试验表明，永久磁铁在磁性液体中所受悬浮力及减振器不同的结构参数、磁性液体饱和磁化强度均对减振器的减振性能有一定影响。

1.5　本章小结

本章的主要内容是介绍本课题研究的项目背景及研究意义：减振技术在现代工业中非常重要。而磁性液体不仅具有普通液体的流动性，而且还具有固体磁性材料的磁响应特性。如今，中国制造业的飞速发展对减振器的性能提出了精益求精的要求。

　　国外的科研学者对磁性液体减振器的研究时间起源较早。在本章所介绍的内容当中，对各国的科研人员所从事的关于磁性液体减振技术现阶段的研究进展和技术成果分别展开了详细的介绍和深入的探讨。在本章所介绍的内容中，综合国内外关于磁性液体减振技术的各项科研技术文献及各项应用成果，深入探究分析了研究磁性液体减振技术的重要意义。

第 2 章
纳米磁性液体减振的
理论基础

　　动力系统中的阻尼表达的是系统中总体能量的损失。本文所设计的磁性
液体减振器，其阻尼减振的基本原理如图 2-1 所示，其结构主要是由减振器
外部壳体、永磁体耗能质量块和磁性液体三部分组成。将永磁体耗能质量块
浸入到装有磁性液体的非导磁容器里，因为永磁体自身磁场的作用，所以永
磁体在容器内能够实现自悬浮。当永磁体耗能质量块在减振器壳体内的磁性
液体内部与磁性液体产生相对运动时，那么磁性液体就会对永磁体产生黏滞
阻力，就会导致系统中机械振动动能的损耗。在不断地产生相对运动中，
振动能量会不断地损耗，直到振动能量为止，从而实现了减振。为研究减
振器中永磁体耗能质量块在磁性液体中的悬浮状态，首先来研究磁性液体
的动力学特性。

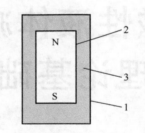

图 2-1　磁性液体减振原理

1—壳体　2—永磁体耗能质量块　3—磁性液体

2.1　纳米磁性液体的特性

2.1.1　纳米磁性液体的黏度与密度

　　依据流体力学理论，当流体中分子与分子之间的运动状态发生改变时，
分子之间会带动或者阻止相邻的分子发生运动状态的改变，这就表现为液体

的黏性。因此，磁性液体发生运动时，磁性颗粒之间的相互作用同样会表现出黏性[157]。

磁性液体同样具有黏性，也正是磁性液体中磁性颗粒之间的相互作用产生的黏滞效应才能产生阻尼减振的应用效果。当磁性液体浓度较低时，其黏性用爱因斯坦公式可以描述为

$$\eta = \eta_0(1 + 5\varphi/2) \tag{2-1}$$

式中　η——磁性液体的动力学黏度；

　　　　η_0——基载液的动力学黏度；

　　　　φ——磁性颗粒的体积浓度。

上述参数中的体积浓度同时包含了磁性颗粒的体积和表面活性剂的体积，则 φ 为

$$\varphi = \varphi_s\left[(d + 2s)/d\right]^3 \tag{2-2}$$

式中　φ_s——磁性颗粒体积百分比；

　　　　d——磁性颗粒的直径；

　　　　s——表面活性剂的厚度。

当磁性液体的浓度提高时，黏度公式如下式表示：

$$\eta = \eta_0\left(1 - \varphi\right)^{-5/2} \tag{2-3}$$

当磁性液体为高浓度时，其黏度表示为

$$\eta = \eta_0\exp\left[(2.5\phi + 2.7\phi^2)/(1 - 0.609\phi)\right] \tag{2-4}$$

磁性液体密度的表达式为

$$\rho = \rho_s\phi_s + \rho_a(\phi_h - \phi_s) + \rho_c(1 - \phi_h) \tag{2-5}$$

式中　ρ_s——固相体的密度；

　　　　ρ_a——表面活性剂的密度；

　　　　ρ_c——基载液的密度。

2.1.2　纳米磁性液体的磁化性能

在磁性液体浓度不是很大的情况下，磁性颗粒之间没有相互作用，外加磁场时，表现为顺磁性[158,159]。用朗之万函数 $L(\xi)$ 来描述磁性液体磁化规律：

$$M = nm(\coth\xi - 1/\xi) = M_S L(\xi) \tag{2-6}$$

式中　M——磁性液压浓度；

　　　n——单位体积内磁性颗粒的数量；

　　　m——粒子磁矩；

　　　M_S——磁性液体饱和磁化强度；

　　　ξ——无量纲参数，其综合了磁性颗粒的固有属性（如饱和磁化强度和尺寸）、外加条件（如磁场强度和温度）对磁性液体磁化性能的影响。ξ 的值越大，表示在相同的外加磁场下，磁性液体中的磁性颗粒越容易被磁化，从而整个磁性液体的磁化强度也越高。

$$\alpha = \mu_0 H / (k_0 T) \tag{2-7}$$

式中　μ_0——响应幅值；

　　　k_0——玻尔兹曼常量；

　　　H——磁化强度；

　　　T——绝对温度。

通常，在磁性液体浓度不太大时，可以将其作为线性磁化介质来建立模型：

$$M = \chi_m H \tag{2-8}$$

式中　χ_m——磁性液体的磁化率。

Vislovich 推导了一种拟合函数式，用该函数式来拟合磁化曲线的变化规律，这个拟合函数与试验所得的数据更加接近：

$$M = M_S H / (H_T + H)$$ (2-9)

式中　H_T——磁化强度 $M(H_T) = M_S/2$ 时磁场值。

当磁场强度 $H \leqslant 5 \sim 10 \mathrm{kA/m}$ 时，才可以认为磁化规律近似线性。那么需要考虑非线性磁化模型：

$$M = \partial \mathrm{arc} \tan(\beta H)$$ (2-10)

式中　∂——饱和磁化强度；

　　　β——起始磁化率。

磁性颗粒越大，那么颗粒与颗粒之间的团聚现象就会越明显。

2.2　纳米磁性液体的 Bernoulli 方程

在传统流体力学中最重要的公式之一就是瑞士数学家丹尼尔·伯努利在 1738 年出版的流体动力学一书中所给出的 Bernoulli 方程。该方程与液体在重力场中的速度、压强和高度有关。运用此公式可以计算水箱中压力随深度的变化，飞机机翼的升力或者风作用于帆板上的力。

普通流体方程是机械能量守恒方程，该方程表达的是对磁性液体动力学状态产成改变的主要因素是外部磁场施加磁力后对其产生的作用效应。磁性液体包含液相和固相两部分。在外加磁场的作用下，会造成磁性液体中的固相颗粒与其中的基载液在运动状态上产生不同步的现象[160,161]。那么由此，对于固液两相不同步的动力学状态用牛顿第二定律表达为

$$f_g = \rho_f g$$ (2-11)

式中　f_g——重力；

　　　g——重力加速度；

　　　ρ_f——密度。

在均匀外加磁场中：

$$f_\eta = \eta_H \nabla^2 V \tag{2-12}$$

式中　η_H——外加磁场黏度；

　　　V——固相颗粒在基载液中的运动速度。

f_t 是因为液固两相速度滞后而产生的附加项，故

$$f_t = 0 \tag{2-13}$$

在普通液体中不存在 f_m 项，而磁性液体因其特有的属性而存在的彻体力。

$$f_m = \mu_0 M \nabla H \tag{2-14}$$

式中　μ_0——响应幅值。

若 ρ_f = 常数，则：

$$\nabla \cdot V = 0 \text{ 或 } \omega = 0 \tag{2-15}$$

式中　ω——角速度。

并且有体积浓度 φ_v，则：

$$\nabla \cdot V = 0 \tag{2-16}$$

如果忽略磁性液体中磁性颗粒的旋转，考虑将磁化强度矢量与外部环境所施加的磁场向量两者视为平行的方向，根据 Leibniz 公式有：

$$\nabla \int_0^H M \mathrm{d}H = M \nabla H + \int_0^H (\nabla M)_H \mathrm{d}H \tag{2-17}$$

将密度视为常数，即 ρ_f = 常数，有：

$$(\nabla M)_H = \frac{\partial M}{\partial T} \nabla T \tag{2-18}$$

得到如下结果：

$$M \nabla H = \nabla \int_0^H M \mathrm{d}H - \int_0^H \frac{\partial M}{\partial T} \nabla T \mathrm{d}H \tag{2-19}$$

假设距离参考基准为 h，则有：

$$\rho_f \boldsymbol{g} = i\rho_f \boldsymbol{g}\cos(x,h) + j\rho_f \boldsymbol{g}\cos(y,h) + k\rho_f \boldsymbol{g}\cos(z,h)$$

$$= \rho_f \boldsymbol{g}\left(i\frac{\partial h}{\partial x} + j\frac{\partial h}{\partial y} + k\frac{\partial h}{\partial z} \right) \tag{2-20}$$

其中，$\boldsymbol{i}$、$\boldsymbol{j}$、$\boldsymbol{k}$ 分别表示三维空间中沿 x 轴、y 轴、z 轴正方向的单位向量。

即：

$$\rho_f \boldsymbol{g} = -\boldsymbol{\nabla}(\rho_f \boldsymbol{g}h) \tag{2-21}$$

则有：

$$\boldsymbol{V} \cdot \boldsymbol{\nabla}\boldsymbol{V} = \boldsymbol{\nabla}\left(\frac{1}{2}V^2 \right) - \boldsymbol{V} \times (\boldsymbol{\nabla} \times \boldsymbol{V}) = \boldsymbol{\nabla}\left(\frac{1}{2}V^2 \right) \tag{2-22}$$

也即：

$$\boldsymbol{\nabla}^2 \boldsymbol{V} = \boldsymbol{\nabla}(\boldsymbol{\nabla}\boldsymbol{V}) - \boldsymbol{V}(\boldsymbol{\nabla}\boldsymbol{V}) = 0 \tag{2-23}$$

得：

$$\rho_f \frac{\partial}{\partial t}(-\boldsymbol{\nabla}\varphi_v) + \rho_f \boldsymbol{\nabla}\left(\frac{1}{2}V^2 \right) = -\boldsymbol{\nabla}(\rho_f \boldsymbol{g}h) - \boldsymbol{\nabla}p^* + \mu_0 \boldsymbol{\nabla}\int_0^H \boldsymbol{M}\mathrm{d}H - \mu_0 \int_0^H \frac{\partial \boldsymbol{M}}{\partial \boldsymbol{T}}\boldsymbol{\nabla}\boldsymbol{T}\mathrm{d}H = 0 \tag{2-24}$$

式中，p^* 为液体压力 p 的伴随矩阵。

将有 $\boldsymbol{\nabla}$ 的项整合，得到下式：

$$\boldsymbol{\nabla}\left(-\rho_f \frac{\partial \varphi_v}{\partial t} + \frac{1}{2}\rho_f V^2 + \rho_f \boldsymbol{g}h + p^* - \mu_0 \int_0^H \boldsymbol{M}\mathrm{d}H \right) + \mu_0 \int_0^H \frac{\partial \boldsymbol{M}}{\partial \boldsymbol{T}}\boldsymbol{\nabla}\boldsymbol{T}\mathrm{d}H = 0 \tag{2-25}$$

式（2-25）是应用 Bernoulli 方程表示，又考虑磁性液体特有的属性，通过推导来表达磁性液体黏性的一般形式。当 $\boldsymbol{\nabla}\boldsymbol{T} = 0$ 时，认为 $\frac{\partial \boldsymbol{M}}{\partial \boldsymbol{T}} \approx 0$，得到：

$$\mu_0 \int_0^H \frac{\partial \boldsymbol{M}}{\partial \boldsymbol{T}}\boldsymbol{\nabla}\boldsymbol{T}\mathrm{d}H = -f(t) \tag{2-26}$$

$-f(t)$ 表示此流体运动状态属于非定常的状态。再将上式代到（2-25）中得：

$$\nabla\left(-\rho_f\frac{\partial\varphi_v}{\partial t}+\frac{1}{2}\rho_f V^2+\rho_f gh+p^*-\mu_0\int_0^H MdH\right)=f(t)\qquad(2\text{-}27)$$

如果 $f(t)=C$，C 表达的是常数，也就是说假如当前流体的运动状态属于定常流，则式（2-27）可以简化为

$$p^*+\frac{1}{2}\rho_f V^2+\rho_f gh-\mu_0\int_0^H MdH=C\qquad(2\text{-}28)$$

当 C 为常数时，如果 M 与 ρ_f 在数值上能够成正变化比，则（2-28）式可简化为

$$p+\frac{1}{2}\rho_f V^2+\rho_f gh-\mu_0\int_0^H MdH=C\qquad(2\text{-}29)$$

许多磁性液体动力学中的问题能够运用本章中扩展的 Bernoulli 方程进行简单、类似的分析。该公式对于黏性流体或者理想流体的静态平衡和稳定流动问题都是适用的。在其他情况下，如果需要付出过高的时间和资源为代价时才能得到一种现象的精确解，通过 Bernoulli 方程或许能够很容易地确定解的数量级。

2.3　纳米磁性液体磁化强度与黏度之间的关系

φ 是磁性液体中的磁性颗粒的体积浓度，其表达式：

$$\varphi=\varphi_\lambda\left[(d+2\lambda)/d\right]^3\qquad(2\text{-}30)$$

式中　φ_λ——磁性颗粒的体积分数；

　　　　d——磁性颗粒的直径；

　　　　λ——表面活性剂的厚度。

由式（2-1）和式（2-29）有：

$$\varphi_\lambda=\frac{2}{5\left[(d+2\lambda)/d\right]^3\eta_0}(\eta-\eta_0)\qquad(2\text{-}31)$$

又有：

$$\varphi_\lambda = \frac{1}{6}\pi d^3 n \tag{2-32}$$

则：

$$\varphi_\lambda = \frac{\pi d^3}{6mL(\xi)}M \tag{2-33}$$

令当 H 大到使 $M = M_\lambda$，$L(\xi) = L_\lambda(\xi)$，$L_\lambda(\xi)$ 为 M_λ 的朗之万函数。

则：

$$\varphi_\lambda = \frac{\pi d^3}{6mL_\lambda(\xi)}M_\lambda \tag{2-34}$$

由此：

$$\frac{\pi d^3}{6mL_\lambda(\xi)}M_\lambda = \frac{2}{5\left[(d+2\lambda)/d\right]^3\eta_0}(\eta - \eta_0) \tag{2-35}$$

由式（2-35）得出在确定温度并且磁性液体的浓度较小时，磁性液体的黏度与饱和磁化的强度呈线性关系。

2.4　纳米磁性液体动力学性能

2.4.1　非磁性物质和磁性物质在磁性液体中的受力

将一个装满磁性液体的容器放置在失重环境中，假设最初时磁场是不存在的，那么磁性液体内的压力会保持一个定值。如图 2-2a 所示，将同等强度磁场的两级放置在容器的周围，使两极中间位置的磁场强度为 0，远离中心位置的任意方向磁场力增加。在磁场强度发生变化的过程中，磁性液体吸附的位置也会发生变化。磁场强度大的位置吸附能力更强，由此磁液远离了中心位置。然而，填充在容器中的磁性液体是不能被压缩的，所以远离中心位置处的压力会增加。

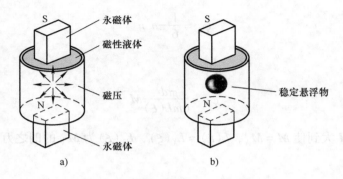

图 2-2　非磁性物体在磁性液体中的悬浮

a) 磁液中心位置的压力最小，当偏离中心位置，压力逐渐增大

b) 当一个非磁性物体例如玻璃球放入容器时，它将移向中心位置并在中心位置保持平衡

　　现在研究将一个非磁性物体放入这种环境后的反应。如图 2-2b 所示，如果物体处于中心位置，由于压力在任意竖直平面是对称的而又不存在其他力，物体将保持在中心位置。如图 2-2a 所示，如果物体从平衡态的位置发生偏移一段距离，那么这个物体将会受到磁场产生的压应力，而这个压应力对于逃离平衡态的物体本身来说就是一个回复力。这就是一个非磁性物体的被动悬浮现象。非磁性物体在磁性液体中的悬浮是扩展的伯努利关系的另一种表现。

　　图 2-3 所示为一个盘状磁铁稳定悬浮在装有铁磁流体的烧杯中的自悬浮现象。

　　当一个磁铁浸入磁性液体中时，会出现自悬浮现象。当磁铁在中心位置时，磁铁周围的磁场力是均衡的。当磁铁偏离中心位置时，那么磁铁表面的磁场强度会大于磁铁中心位置的磁场强度，哪的磁场强度最大，它的有效压力就最大，故可以推断出磁铁受到了一个回复力使它回复到中心位置[162]。这就是磁性液体的自悬浮现象。

　　如图 2-4 所示，当一块磁铁和一个非磁性物体同时浸入铁磁流体中时，

图 2-3　磁性物体在磁性液体中的自悬浮现象

两者会相互排斥。值得注意的是这种相互作用并不是通常静磁学中所说的如果两者之间有静电作用，那么他们必须具有磁矩[163]。当然，图 2-4 中所示的相互作用不是两个物体之间的直接作用，而是由于磁性液体被吸引到两物体之间所产生的压力[164]。

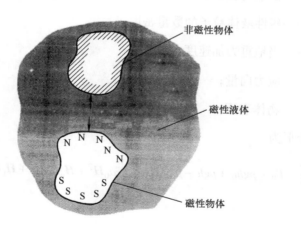

图 2-4　一块磁铁和一个非磁性物体同时浸入铁磁流体中

2.4.2　浸入磁性液体的物体受力分析

如图 2-5 所示，将一个磁性或非磁性的物体浸入存在或不存在任意磁场源的磁性液体中。作用在物体上的合力 F'_m 如下：

$$F'_m = \oint n T'_m \mathrm{d}S + \int \rho' g \mathrm{d}V = \oint t_n \mathrm{d}S + \int \rho' g \mathrm{d}V \qquad (2\text{-}36)$$

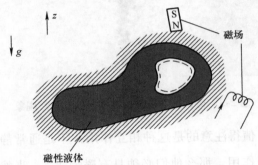

图 2-5　浸入磁性液体

式中　　T'_m——磁应力张量；

$\quad\quad\quad n$——磁性液体粒子的数量密度；

$\quad\quad\quad g$——当地重力加速度；

$\quad\quad\quad t_n$——应力向量；

$\quad\quad\quad S$——物体表面。

上式变形为

$$F'_m = \oint_s \left[\left(-P_0 - \rho g h_0 + \rho g h - \mu_0 \overline{M} H - \frac{1}{2}\mu_0 H^2 + H_n B_n \right) n + H_t B_n t \right] \mathrm{d}S + \int_V \rho' g \mathrm{d}V$$

$$(2\text{-}37)$$

为了得到上述的方程式，其中 H 分解为法向部分 H_n 和切向部分 H_t，B_n 为 B 分解的法向部分。

$$H = H_n + H_t \qquad (2\text{-}38)$$

根据高斯散度定理，对于任意标量 A 有：

$$\oint_s A n \mathrm{d} S = \int_v \boldsymbol{\nabla} A \mathrm{d} V \tag{2-39}$$

式中　A——任意标量；

　　　n——磁性液体粒子的数量密度。

$$\oint_s -(\boldsymbol{p}_0 + \rho g h_0) n \mathrm{d} S = \int_v -\boldsymbol{\nabla}(\boldsymbol{p}_0 + \rho g h_0) \mathrm{d} V \tag{2-40}$$

由此：

$$\boldsymbol{F}'_{\mathrm{m}} = \oint_s \left[\left(-\mu_0 \overline{\boldsymbol{M}} \boldsymbol{H} - \frac{1}{2} \mu_0 H^2 + \boldsymbol{H}_{\mathrm{n}} \boldsymbol{B}_{\mathrm{n}} \right) n + \boldsymbol{H}_{\mathrm{t}} \boldsymbol{B}_{\mathrm{n}} t \right] \mathrm{d} S + \int_V (\rho - \rho') g \boldsymbol{k} \mathrm{d} V$$

$$\tag{2-41}$$

这里 $-g\boldsymbol{k} = \boldsymbol{g}$，其中 $\boldsymbol{k}$ 表示单位垂直向量。那么如果磁场处处为 0，则式（2-41）可以归纳为浮力的一般阿基米德定律。

对于任意体积 V，这个方程式都是存在的。但是只有当密度和重力加速度是均匀的，等式才成立。

对于式（2-41）考虑更一般的情况 $H \neq 0$，去掉浮力概念，根据 $\overline{\boldsymbol{M}}$ 的定义和定义关系式 $\boldsymbol{B} = \boldsymbol{\mu}_0 (\boldsymbol{H} + \boldsymbol{M})$，作用在物体上的磁力 $\boldsymbol{F}'_{\mathrm{m}}$ 可以写成：

$$\boldsymbol{F}'_{\mathrm{m}} = \oint_s \left[\boldsymbol{H}_{\mathrm{n}} \boldsymbol{B}_{\mathrm{n}} - \left(\int_0^H \boldsymbol{B} \mathrm{d} \boldsymbol{H} \right) n + \boldsymbol{H}_{\mathrm{t}} \boldsymbol{B}_{\mathrm{n}} t \right] \mathrm{d} S \tag{2-42}$$

式（2-42）可以算出作用在浸入磁性液体中任一物体上磁力的感应力合力。

当非磁性的物体浸入磁性液体时，由于没有磁力作用在内表面上，所以式（2-42）中物体内表面 S_{i} 的积分消失：

$$0 = \oint_{S_{\mathrm{i}}} \left[\boldsymbol{H}_{\mathrm{n}} \boldsymbol{B}_{\mathrm{n}} - \left(\int_0^H \boldsymbol{B} \mathrm{d} \boldsymbol{H} \right) n + \boldsymbol{H}_{\mathrm{t}} \boldsymbol{B}_{\mathrm{n}} t \right] \mathrm{d} S_{\mathrm{i}} \tag{2-43}$$

式（2-42）减去式（2-43），结合边界条件 $B_n = 0$ 和 $H_t = 0$，推出切向力为 0，那么作用在物体上的法向力为

$$F'_m = \oint_s \left(B_n [H_n] - \left[\int_0^H B \mathrm{d}H \right] \right) n \mathrm{d}S \tag{2-44}$$

倾向磁化作用的一般式如下：

$$F'_m = - \oint_s \left(\frac{1}{2} \mu_0 M_n^2 - \mu_0 \int_0^H M \mathrm{d}H \right) n \mathrm{d}S \tag{2-45}$$

一个磁性或非磁性物体在磁液内部一个点上稳定悬浮的条件是：

1）物体所受的合外力为 0，也即：

$$F = (\rho - \rho') gkV + F'_m = 0 \tag{2-46}$$

2）当物体有任何远离平衡点的小位移都受到一个正回复力。

对于非磁性物体，从式（2-45）我们能得到，它的被积函数 $\frac{1}{2} M_n^2 + \overline{M}H$ 随着 H 增加而单调增加，想要悬浮起来，磁场必须达到场强的局部最小值；也就是说对于偏离图 2-2 中内部点的任意位移有：

$$\sigma H > 0 \tag{2-47}$$

其中，σ 是一个与磁场方向相关的函数，它描述了磁性液体中物体与磁场相互作用时产生的某种效应的强度。σH 的乘积表示这种相互作用产生的力的度量。当这个乘积为正时，意味着物体在偏离平衡位置时会受到一个指向平衡位置的力，即正回复力。

当施加极限磁场时，$\frac{1}{2} M_n^2 / \overline{M}H \ll 1$，式（2-45）中的 F'_m 能简化为

$$F'_m = - \oint_s p_m n \mathrm{d}S = - \int_v \nabla p_m \mathrm{d}V \approx - \nabla p_m V = - V \mu_0 M \nabla H \tag{2-48}$$

假设 M 和 ∇H 一定穿过 V。式（2-48）中的负号表示力与作用在等效体积磁液上的磁力大小相等，方向相反。斥力和稳定悬浮都是由于这个负号的

存在。

　　一个质量块放入装有磁性液体的容器，它可以悬浮起来；许多精密仪器在使用时会产生不利的振动，但磁性液体减振装置可以降低这些振动。

2.5　纳米磁性液体的浮力原理

　　磁性液体的二阶浮力原理是指其可以将浸没在磁性液体中比重比自身还要大的导磁物质悬浮起来[165]。如图 2-6 所示，当一块磁体浸没入磁性液体中，即使磁体的密度比磁性液体的密度大，磁体也能够在磁性液体内部悬浮起来，这就称为自悬浮，也就是磁性液体的二阶浮力原理[166,167]。

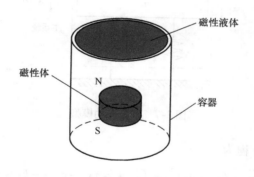

图 2-6　二阶浮力原理

　　本文中所设计的磁性液体阻尼减振器是使永磁体耗能质量块悬浮于磁性液体内部，二者之间产生相对运动造成摩擦耗能的减振器结构。当永磁体耗能质量块随着振动的发生而偏离了在磁性液体中的平衡态位置时，在磁场作用下会产生让永磁体耗能质量块回到平衡位置的力。二阶浮力原理的计算方法与一阶浮力原理类似，可用式（2-45）计算。

2.6 纳米磁性液体阻尼减振动力学模型

本课题探究的新型磁性液体阻尼减振器的组成部分为质量、弹簧和阻尼。当主系统是单自由度系统时，减振器安装在振动的主系统上以后，减振器和主系统组成了有阻尼的 2 自由度振动系统，简化的系统振动模型，如图 2-7 所示。

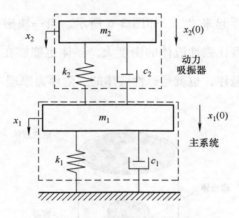

图 2-7 系统振动模型

系统的微分方程为

$$m_1 \ddot{x}_1 + (c_1 + c_2)\dot{x}_1 + (k_1 + k_2)x_1 - c_2 \dot{x}_2 - k_2 x_2 = 0 \tag{2-49}$$

$$m_2 \ddot{x}_2 - c_1 \dot{x}_1 - k_2 x_1 + c_2 \dot{x}_2 + k_2 x_2 = 0 \tag{2-50}$$

式中 m_1、m_2——主系统和阻尼减振器的质量；

      c_1、c_2——主系统和阻尼减振器的阻尼；

      k_1、k_2——主系统和阻尼减振器的刚度；

      x_1、x_2——减振器和系统的初始位移。

本文所设计的减振器结构的刚度主要由永磁体耗能质量块所受的回复力对其产生影响；阻尼 c_2 包括磁性阻尼和黏性阻尼。而对黏性阻尼产生影响的因素主要有磁性液体剪切面积和黏度因素。

2.7　本章小结

　　本章所介绍的内容主要是根据磁性液体浮力原理进行数学推导，对本文所设计的减振机理进行了理论探究；对磁性液体运动方程、磁性液体磁化强度与黏度之间的关系做了详细介绍；依据磁性液体动力学性能分析了非磁性物质和磁性物质在磁性液体中的受力，得出磁性和非磁性物体在磁液内部点上稳定悬浮的条件；根据磁性液体的浮力原理，推导得出磁浮力方程，对本文所设计的方案及试验结果分析提供了理论支撑；通过建立减振器的振动模型，得知该振动模型中的阻尼（其中，阻尼包括黏性阻尼和磁性阻尼）刚度受永磁体耗能质量块侧向回复力的影响。

第 3 章
磁性材料减振结构
设计与仿真分析

在本章中，结合精密仪器在工程领域应用的实际工况，主要介绍了应用于精密仪器的减振器结构。针对不同的减振器外部壳体和永磁体耗能质量块的形状尺寸，讨论了不同的结构设计方案。对重要零部件，应用有限元方法对减振器中惯性质量的悬浮高度进行仿真分析，确定用于试验研究的设计方案。

3.1　减振结构方案

结合精密仪器局部振动具有频率低、位移小、加速度小的特征。为了获得更佳的阻尼减振效果，分别设计了五种不同结构类型的减振器结构方案，分别如图 3-1～图 3-5 所示。另外，可以把减振器的壳体端盖的内表面加工为锥形以获取更好的减振性能，如图 3-6 所示。在永久磁铁偏离中心的条件下，由于端盖的内表面是锥形，故始终保证了会作用于永久磁铁上一个能够回复到中心位置的力。

如图 3-1 所示，方案一中减振器的组成部分主要有减振器的外部壳体和内部的磁性液体及永磁体耗能质量块，结构外壳是剖分式。在剖分面上设计有能够安装密封圈的密封环。而减振器壳体的内壁结构在此方案中被设计成光面直通的形式，在减振器的壳体内部充入磁性液体，装载永磁体作为耗能质量块组成减振器。

如图 3-2 所示，方案二的减振器是在方案一的基础上进行的改变设计，主要的不同之处是方案二减振器壳体内壁结构中间孔径较小，将装载磁性液体和耗能质量块的剖分式壳体的两端孔径较大，而中间部分保留原来的直通孔径，由此在壳体内壁形成锥角，永磁体的尺寸参数延用方案一中永磁体的尺寸参数。

如图 3-3 所示，方案三中的减振器结构也是在方案一的基础上做了一些

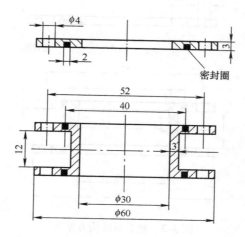

图 3-1　减振器结构方案一

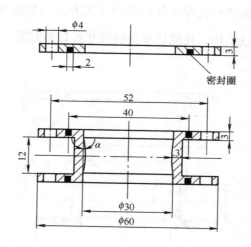

图 3-2　减振器结构方案二

改变，把减振器装载磁性液体和耗能质量块的壳体内壁改成了中间孔径比两端孔径大的锥角结构，耗能质量块的尺寸参数沿用方案一中耗能质量块的尺寸参数。

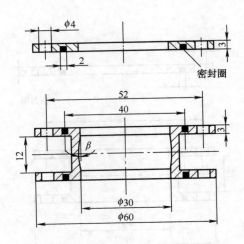

图 3-3　减振器结构方案三

　　如图 3-4 所示，方案四的减振器结构在方案二的基础上做了部分改变，将减振器装载磁性液体和耗能质量块的剖分式壳体内壁改成中间孔径比两端孔径小的圆弧形内壁结构，耗能质量块的尺寸参数与方案一中的相同。

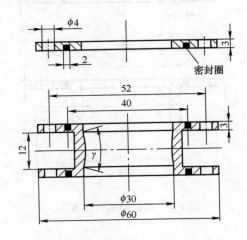

图 3-4　减振器结构方案四

　　如图 3-5 所示，方案五中的减振器结构在方案三的基础之上做了改变，把减振器中装载有磁性液体和耗能质量块的剖分式壳体内壁改成中间孔径比两端孔径大的圆弧内壁结构，耗能质量块结构与方案一的结构相同。

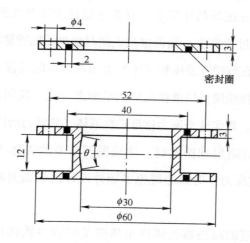

图 3-5　减振器结构方案五

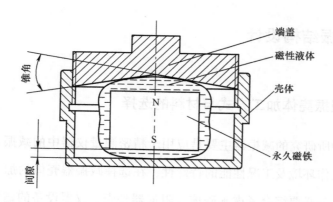

图 3-6　减振器结构简图

将减振器端盖的内部锥角采用不同角度，即 6°、9°、12° 和 15°，以不同的锥角试验来探究端盖内壁的锥度对减振性能的影响。

用本书提到的五种减振器的壳体结构来探究减振性能，其优势突出表现为以下几个方面：

　　1) 耗能质量块浸没在磁性液体中时，四周都会吸附磁性液体。当减振器随振动物体发生振动时，耗能质量块会在减振器壳体内部与磁性液体和壳体发生相对运动。在磁场的作用下，有部分磁性液体会受到挤压而产生弹性效应。而在挤压的过程当中，端盖锥角也同时会对耗能质量块产生反力，这个反力使耗能质量块在与磁性液体和壳体发生相对运动的过程中保持居中，同时这个反力也能够使耗能质量块更快地回到平衡态位置。换句话说，这样能够使减振器更快地消振。其实这个反力就是磁性液体二阶浮力所产生的效应。

　　2) 本文在设计阻尼减振器时，使减振器自身的壳体内壁结构在减振过程中为永磁体提供反力，有效地避免了额外设计磁场而对减振器内部磁场产生的干扰作用。

　　3) 经结构改进的减振器壳体锥角角度及结构参数优化过的永磁体耗能质量块可以提升减振性能。

3.2　减振结构设计

3.2.1　减振壳体加工方式与材料的选择

　　本文中所研究的减振器主要是应用于精密测量仪器中的减振，考虑减振器的实际工作环境及工况性能的特殊性，在选择减振器壳体的加工材质和加工方式时，务必要综合考虑永磁体与阻尼器外壳、仪器设备的磁场干扰，还要考虑选用材料的机械性能等。

　　根据减振器的壳体内壁的锥角和圆弧内壁的加工情况，通常孔的内壁加工用传统的加工方式很难达到需要的角度。利用 3D 打印技术可以更加便捷地加工不同结构的减振器壳体，并且生产制造的精准度更高；而且，由于 3D 打印加工本身采用的就是轻质化的材料，这样就减少了减振器自身质量对被减振主体质量带来的影响[168]。

　　3D 打印技术是最早由 Charles Chuck Hull 提出的概念，称之为"Stereo Lithography Appearance，SLA"，也就是立体光刻，属于快速成型技术。3D 打印采用分层加工，通过材料逐层叠加的方式将零件加工成型。如图 3-7 所示，通过逐层增加材料的加工方式来制造产品，与传统的去除材料的加工过程截然不同。随着增材制造技术日新月异的发展，已经有五种类型的快速成型机问世，如图 3-8 所示：图 3-8a 为容器内光聚合式（SLA）成型机，用激光束使液态光敏树脂固化成型；图 3-8b 为粉末床烧结式成型机，用激光束或者电子烧结熔化粉材成型；图 3-8c 为片层压式成型机，用激光束或者超声波使片材成型；图 3-8d 为黏结剂喷射式成型机，使用喷头喷射黏结剂使粉材加工成型；图 3-8e 为材料挤压式成型机，用喷头挤压熔融塑料使零件加工成型。

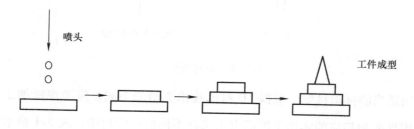

图 3-7　增材制造方法

　　试验中减振器的壳体加工之所以选择 3D 打印的加工方式，是由于本文在减振器壳体的内部结构中做了多方面细节的变化。减振器壳体内壁有角度的变化及形状的变化，利用传统的加工方式，对于孔的内部加工难度较大，不便于加工孔内形状复杂及角度变化细节较多的结构。由此，对于传统的加工方式来说很难实现本试验中设计的减振器壳体内壁的角度和弧度结构尺寸的变化，因而采用 3D 打印的加工方式来加工不同结构类型的减振器壳体，以此保证试验方案顺利开展。

　　对于应用 3D 打印加工的减振器壳体，为保障减振试验数据的可靠性，

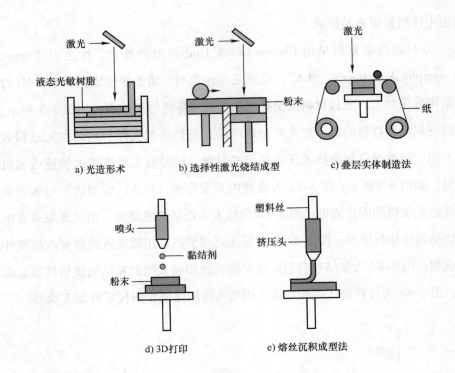

a) 光造形术　　　　　b) 选择性激光烧结成型　　　　　c) 叠层实体制造法

d) 3D打印　　　　　　e) 熔丝沉积成型法

图 3-8　快速成型机

应选用适当的打印材质。根据 3D 打印技术类型的不同，应考虑所加工产品的使用性能和相应的实用工况需求来选择不同的打印材质，表 3-1 所示为制造复杂组件使用的 3D 打印技术和材料。

表 3-1　制造复杂组件使用的 3D 打印技术和材料

3D 打印技术	原材料形式	材料类型
光固化成型技术（Stereo Lithography Appearance，SLA）	液体	聚合物材料
		陶瓷材料
三维粉末黏结技术（Three Dimensional Printing，3DP）	粉末	聚合物材料
		陶瓷材料
		复合材料

（续）

3D 打印技术	原材料形式	材料类型
选择性激光烧结技术（Selected Laser Sintering，SLS）	粉末	聚合物材料
		陶瓷材料
		复合材料
熔融沉积成型（Fused Deposition Modeling，FDM）	丝状或糊状	聚合物材料
		陶瓷材料
		复合材料
激光熔化沉积/选择性激光熔化（Laser Melting Deposition/Selective Laser Melting，LMD/SLM）	粉末	金属材料
		复合材料
		功能梯度材料

　　3D 打印技术在聚合物和聚合物共混物成型加工方面飞速发展，但是对于一些纤维增强型热塑性材料和高强度工程聚合物零件较难加工，其原因主要有以下几个方面：

　　1）在沉积过程中存在纤维的增加现象，以及其排列规则会导致零件性能产生各向异性。

　　2）聚合物共混物经过打印加工喷嘴时的纤维形成示意图如图 3-9 所示。纤维和聚合物的黏结在沉积之前需要加热处理，而它们的膨胀率与收缩率又不同，因此，加工的零件在冷却阶段可能会产生裂纹。

　　3）熔融沉积建模或相似的设备使用丝状的材料加工打印时，挤压温度通常会限制在一定范围，挤压力柱也会受限，从而限制了可用来挤压的工程聚合物的选择。

　　4）聚合物黏结剂和纤维复合聚合物并不一定相匹配，这样会造成一些

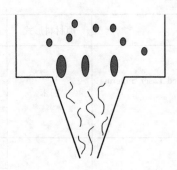

图 3-9　聚合物共混物经过打印加工喷嘴时纤维形成示意图

有凸出或凹陷结构的零件制造更加困难。

热固性树脂体系 3D 打印技术的固化过程中总收缩的困难主要是由于固化收缩和冷却收缩的不均匀性导致的。可通过含有溶解盐的胶体交替层的交叉漫延和沉淀可以使内部的结构矿物化。表 3-2 所示为热塑性复合材料抗拉的力学性能。

表 3-2　热塑性复合材料抗拉的力学性能

材料	取向	模量/GPa	抗拉强度/MPa	延伸率（%）
聚醚醚酮（PEEK）	平行	1.7	59	3.3
	垂直	1.8	88	5.3
聚醚醚酮（PEEK）+30%（质量分数）碳纤维聚碳酸酯	平行	9.4	257	3.0
	垂直	3.6	124	3.6
聚醚醚酮（PEEK）+30%（质量分数）玻璃纤维	平行	3.0	106	3.8
	垂直	1.0	46	5.6
聚甲基丙烯酸甲酯（PMMA）	平行	1.3	23	1.4
	垂直	1.5	61	5.8

基于以上原因，在本文介绍的减振器中，壳体和端盖的材质均选用丙烯腈-丁二烯-苯乙烯共聚物（ABS）。此外，ABS 具有良好的耐冲击性，并且 ABS 材料的热力学性能良好，其材料性能受温度影响较小；ABS 在强度、刚度和使用寿命方面也都能满足本文介绍的减振器在减振设备中的应用性能要求。ABS 的非导磁性，能够使减振器内部永磁体耗能质量块的磁场与设备所产生的磁场效应相互屏蔽，两者之间不发生任何干扰现象。ABS 密度小于一般金属，质量较轻，从而也降低了整个减振器的质量，另一方面也减少了减振器自身的减振耗能需求。

3.2.2　永磁体的结构设计与材料选择

磁性是导磁材料微观粒子的宏观表现。磁感应强度的表达式为

$$B = \mu_0(H + M) \tag{3-1}$$

式中　μ_0——真空磁导率；

　　　H——外磁场强度；

　　　M——磁化强度。

磁化强度 M 为

$$M = \chi H \tag{3-2}$$

式中　χ——磁化率。

式（3-1）变为

$$B = \mu_0(1 + \chi)H \tag{3-3}$$

物质结构的不同决定了物质的磁性不同，可以用磁化率体现物质的磁性。依据磁化率的大小及不同的性能，物质的磁性可分为：顺磁性、铁磁性、抗磁性、反铁磁性及亚铁磁性。磁性大小与温度有关，当磁性物质温度大于临界温度 T_C 时，

$$\chi_f = \frac{C}{T - T_P} \tag{3-4}$$

式中　　C——常数；

　　　　T——绝对温度；

　　　　T_P——居里温度。

减振器中有永磁体耗能质量块的存在，磁场的分布状态对耗能质量块所受到的悬浮力状态有最直接的影响作用，对减振性能的影响也较大。由此在设计减振器时首先要对永磁体耗能质量块的材质选择、结构形状及尺寸参数进行设计。

目前经常使用的永磁体材料大致可分为三大类：金属合金、铁氧体永磁、稀土永磁。金属合金是最早用来做永磁材料的，如铝镍钴，其剩磁率较高，磁性也相对比较稳定，但是矫顽力较差，退磁表现为非线性。对于铁氧体，其矫顽力和电阻率均比较高，并且经济又实惠，同时其耐氧化性能和耐腐蚀性能均表现良好，然而剩余磁通密度较差，脆性较高。另外，钕铁硼的磁性能较好，力学性能均表现良好，性价比也很好，但是随着温度的变化其性能不太稳定，并且在空气中极易被氧化，所以钕铁硼在使用前要必须要进行表面涂层处理，但是经过处理之后的钕铁硼磁性能会有所衰退。

用于精密仪器的微振动阻尼减振器应当有较高的磁性能，并且体积小、质量轻，所以本文用钕铁硼永磁材料做试验，尽管该永磁体加工工艺已经成熟，但是由于试验时需用的永磁体数量较少，所以不宜进行定制。为了尽量减小阻尼减振器的体积，并结合市场上能够买到的永磁体规格，圆形永磁体直径选择为25mm。

永磁体耗能质量块的结构如图3-10、图3-11所示。当物体发生振动时，减振器内部的耗能质量块与减振器壳体内壁和壳体内壁装载的磁性液体均发生相对运动，由此产生摩擦耗能，使振动能量衰减。

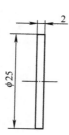

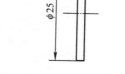

图 3-10　简易型永磁体耗能质量块　　　图 3-11　工字形永磁体耗能质量块

3.2.3　纳米磁性液体的选择

　　磁性液体的性能决定了减振器减振性能的好坏。黏度太小的磁性液体，固体颗粒的含量会相对较低，那么由此产生的黏性摩擦性能较差。固体颗粒含量太低会造成磁化强度较差，那么因此也会降低减振性能。而相对黏度较大的磁性液体流动性能会比较差，并且由此会造成系统对惯性力极其不敏感，同时也会对减振性能产生不良的影响。表 3-3 所示为磁性液体的性能参数；图 3-12 所示为酯基磁性液体的黏温特性曲线；图 3-13 所示为机油基磁性液体的黏温特性曲线。

表 3-3　磁性液体的性能参数

种类	基载液	饱和磁化强度/Gs	密度/（g/cm^3）	黏度（20℃）/mPa·s
酯基磁性液体	癸二酸二酯	441.14	1.3300	57.5
机油基磁性液体	机油	340.13	1.1320	30.2

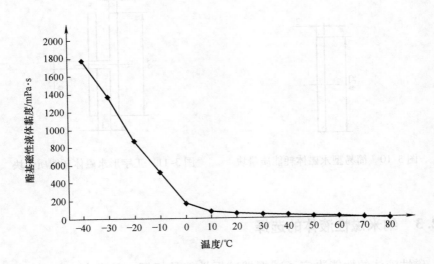

图 3-12　酯基磁性液体的黏温特性曲线

根据图 3-12 可得出，试验温度下降时酯基磁性液体黏度上升。当低于 0℃ 时，黏度剧烈升高。酯基磁性液体黏度在 20℃ 时大约为 57.5mPa·s；当温度降低至 -40℃ 时，黏度增加至 1759mPa·s，相差 30 倍之多。

根据图 3-13 中的数据可得出，当环境温度在不断地降低时，机油基磁性液体的黏度值在不断地升高。当低于 0℃ 时，黏度急剧上升。在 20℃ 时黏度为 30.2mPa·s，当温度降低至 -30℃ 时，黏度增加为 1541mPa·s，相差 50 倍之多，在 -40℃ 时，黏度超过仪器量程。

以上数据显示，温度的变化对黏度性能存在非常明显的影响。磁性液体在常温下和 -30℃ 时黏度值之差有几十倍多。当采用机油基与酯基时，0℃ 以上的黏度随温度变化的数据如图 3-14 所示。

本文试验中磁性液体阻尼减振器用的是机油基磁性液体。室温下，该机油基磁性液体黏度为 0.26Pa·s，饱和磁化强度为 450Gs，密度为 1.23g/cm^3。

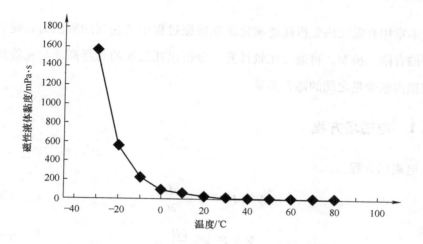

图 3-13 机油基磁性液体的黏温特性曲线

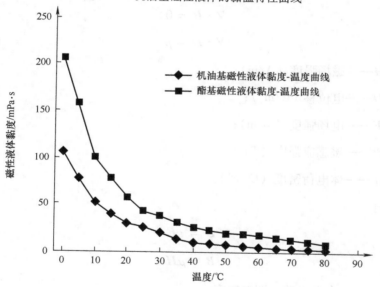

图 3-14 两种磁性液体黏温特性曲线

3.3 耗能质量块悬浮高度的仿真计算

磁性液体常态下的直观形态呈现为不透明的深黑色胶体溶液，由此在试验过程中无法直观地用肉眼观察到磁性液体内部永磁体耗能质量块的悬浮状态。本章用有限元法分析耗能质量块在减振过程中所受到的磁压力，建立减振器的有限元模型，再通过比较计算，分析出耗能块的悬浮高度与耗能质量块减振因素变量之间的隐含关系。

3.3.1　电磁场方程

电磁场方程：

$$\nabla \times H = J \times \frac{\partial D}{\partial t} \tag{3-5}$$

$$\nabla \times E = -\frac{\partial B}{\partial t} \tag{3-6}$$

$$\nabla \cdot B = 0 \tag{3-7}$$

$$\nabla \cdot D = \rho \tag{3-8}$$

式中　H——磁场强度（A/m）；

$\quad\quad D$——电位移（C/m^2）；

$\quad\quad E$——电场强度（V/m）；

$\quad\quad B$——磁感应强度（T）；

$\quad\quad \rho$——体电荷密度（C/m^3）。

由于

$$D = \varepsilon E \tag{3-9}$$

$$B = \mu H \tag{3-10}$$

式中　ε——介电常数，即电容率；

$\quad\quad \mu$——磁导率。

根据边界条件[169]有：

$$\Phi \big|_{\Gamma_1} = f_1(S) \tag{3-11}$$

式中　Φ——电势；

$\quad\quad \Gamma_1$——狄利克雷边界；

$f_1(\boldsymbol{S})$——位置的函数。

$$\frac{\delta\boldsymbol{\varPhi}}{\delta\boldsymbol{n}}\Big|\,\varGamma_2 = f_2(\boldsymbol{S}) \tag{3-12}$$

式中　$\varGamma_2$——诺依曼边界；

　　　$\boldsymbol{n}$——$\varGamma_2$ 边界的外法线矢量；

　　$f_2(\boldsymbol{S})$——一般函数。

柯西边界条件：在已知场域的边界面 $\boldsymbol{S}$ 上，各电位法向导数和点电位的线性组合条件下：

$$\left(\boldsymbol{\varPhi} + \beta\frac{\delta\boldsymbol{\varPhi}}{\delta\boldsymbol{n}}\right)\Big|_s = f_3(\boldsymbol{S}) \tag{3-13}$$

式中　β——电磁波在传播过程中相位随距离的变化率，与电磁波的波长、频率及介质的性质有关；

　　　f_3——分界面上的自由电荷面密度。

3.3.2　有限元分析方法

有限元分析主要分为三个模块：第一个模块是前处理模块，该模块主要用来定义数据和网格划分，建立有限元模型；第二个模块是数值分析模块，能够进行电磁场、流体动力学等分析；第三个模块是后处理模块，主要功能是有限元分析结果的输出、磁感应强度和电磁力等数据的计算分析和图形显示。[170]

磁性液体常态下的形态呈现为深黑色，故此溶液通常是非透明质地的。由此在试验过程中无法直观地用肉眼观察到减振器内部耗能质量块所处的位置和状态。本章用有限元法分析耗能质量块在随着被减振物体运动减振耗能的动态过程中所受到系统的磁压力，再通过比较计算，分析出耗能质量块的悬浮高度与耗能质量块减振因素变量之间的隐含关系。

3.3.3 耗能质量块悬浮高度的仿真计算

耗能质量块装载于填充磁性液体的减振器壳体内部，耗能质量块受自身重力 F_g、浮力 F_f 及磁压力 F_m 的作用。那么：

$$F_m = F_g - F_f \qquad (3\text{-}14)$$

其中，$F_g = mg$，$F_f = \rho_f g V$

式中　ρ_f——磁性液体密度；

　　　 V——永磁体体积。

在永磁体尺寸确定的条件下，式（3-14）中的参数是确定的，因此通过式（3-14）可以计算得出在减振器工作过程中耗能质量块在减振器壳体内部受到的磁压力，再依据耗能质量块悬浮在减振器壳体内部不同高度位置坐标信息时所受到的不同磁压力状态，就可以得出永磁体耗能质量块所在的悬浮位置与所受的磁压力之间的关系。在有限元仿真中得出的永磁体耗能质量块的受力状态与式（3-14）计算的磁压力大小相等方向相同时，便能够得知耗能质量块的高度位置信息 δ。

有限元方法建模及其参数的设定为：

减振器的壳体：五种不同形状和结构尺寸参数的不导磁 ABS 材质外壳；磁性液体的基载液选用煤油基，（其相对磁导率为 $\mu_{rf} = 1.5$，密度为 $\rho_f = 1.2\text{g/cm}^3$）；耗能质量块的材质选用钕铁硼（剩磁 B_r 为 1.0T；矫顽力 H_{cx}，H_{cy} 和 H_{cz} 分别设置为 $1.5 \times 10^5 \text{A/m}$，0 和 0；密度为 $\rho_m = 7.6\text{g/cm}^3$），沿轴向充磁。

下面分析不同减振器壳体中永磁体的悬浮高度。减振器结构示意图如图 3-6 所示，不同结构参数的减振器壳体如图 3-1～图 3-5 所示。结构一型如图 3-1 所示，外壳尺寸是 $\phi 30\text{mm} \times 60\text{mm}$，永磁体尺寸是 $\phi 25\text{mm} \times 2\text{mm}$ 的磁性液体减振器，在 ANSYS 中先建立减振器的有限元模型，再计算耗能质量块在非磁性外壳中的高度位置坐标信息。

　　根据仿真计算得出耗能质量块的受力状态和耗能质量块在非磁性外壳中的高度位置坐标信息之间的关系，如图 3-15 所示。

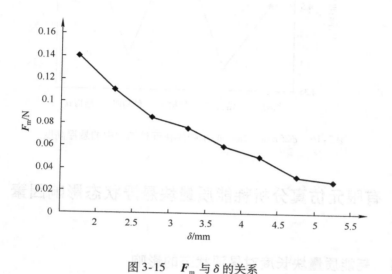

图 3-15　F_m 与 δ 的关系

　　由图 3-15 得出：永磁体耗能质量块距离减振器壳体底部的距离 δ 越近，耗能质量块底部的磁性液体压缩变形量越大，由于周围磁场的磁力线发生强烈的变化，耗能质量块的受力 F_m 也因此会变得更大。永磁体耗能质量块在接近减振器壳体底部的过程中，磁场的状态也随之发生相应的改变。当 δ = 4.5mm 时，F_m 为 0.048N。当耗能质量块通过有限元分析计算得出的受力状态与理论状态下受力的大小相等并且方向相同时，便能够确定耗能质量块的高度位置坐标信息大约为 4.5mm。

　　运用同样的方法对结构二、结构三、结构四、结构五型的减振器壳体分别选取尺寸为 $\phi 25\text{mm} \times 2\text{mm}$ 的耗能质量块分析计算，其悬浮高度如图 3-16 所示。

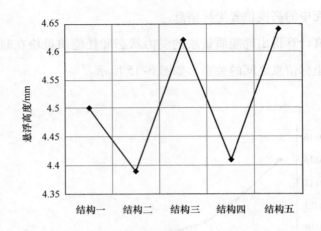

图 3-16　　$\phi 25\mathrm{mm} \times 2\mathrm{mm}$ 的永磁体在五种结构中的悬浮高度

3.4　有限元仿真分析耗能质量块悬浮状态影响因素

3.4.1　耗能质量块长度对悬浮状态的影响

当使用相同的永磁体耗能质量块的结构和尺寸时，在永磁体耗能质量块的长度 L_m 发生改变时，在有限元分析中，能够得出永磁体耗能质量块的悬浮高度 δ 随着自身结构尺寸中长度 L_m 变化的曲线。图 3-17 所示为结构一中永磁体耗能质量块悬浮高度 δ 随自身结构尺寸中长度 L_m 变化的曲线。图 3-18 ～图 3-21 所示分别为结构二、结构三、结构四、结构五五种结构类型减振器中永磁体耗能质量块悬浮高度 δ 随自身的长度尺寸 L_m 变化的曲线。

在五种结构中，悬浮高度随永磁体长度变化的趋势一致。当永磁体耗能质量块沿轴向充磁时，耗能质量块在与轴线垂直方向上的磁力线呈对称状态分布在耗能质量块的两侧。在外部尺寸不变的情况下，垂直方向，由于沿轴向充磁，故耗能质量块沿轴向方向上的两边端面上的磁场梯度必然会存在不同状态的分布；而相同的耗能质量块在五种不同结构类型的减振中的悬浮高

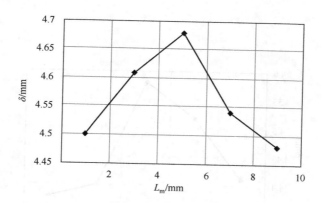

图 3-17　δ 随 L_m 变化的曲线（结构一）

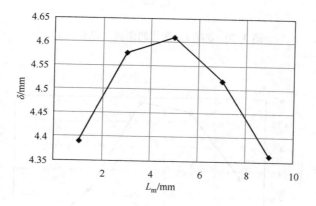

图 3-18　δ 随 L_m 变化的曲线（结构二）

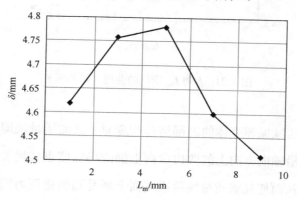

图 3-19　δ 随 L_m 变化的曲线（结构三）

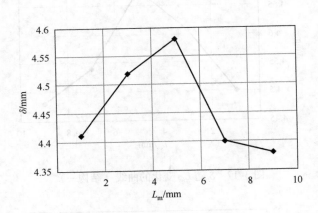

图 3-20　δ 随 L_m 变化的曲线（结构四）

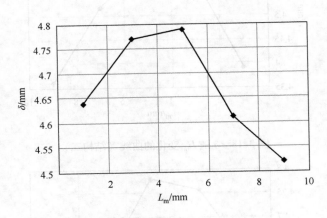

图 3-21　δ 随 L_m 变化的曲线（结构五）

度不同是由于当减振器壳体的内部结构改变时，耗能质量块即便在同一高度位置坐标时，沿轴向方向上的两边端面上的磁场梯度也必然发生相应的分布状态的变化，从而使耗能质量块两边端面上所受到的磁压力同样随之发生相应的变化，由此也会产生耗能质量块高度位置坐标信息的改变。

3.4.2　耗能质量块直径对悬浮状态的影响

当永磁体耗能质量块自身的长度尺寸不发生改变时，只改变永磁体耗能质量块直径尺寸 ϕ_m，在有限元分析中就能够得出耗能质量块高度位置坐标信息 δ 在不同的减振器壳体中随 ϕ_m 变化而发生相应的位置变化的状态信息，如图 3-22 ~ 图 3-26 所示。

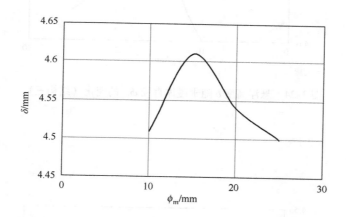

图 3-22　悬浮高度 δ 随永磁体直径 ϕ_m 的变化（结构一）

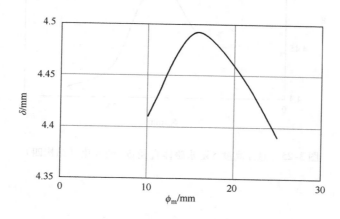

图 3-23　悬浮高度 δ 随永磁体直径 ϕ_m 的变化（结构二）

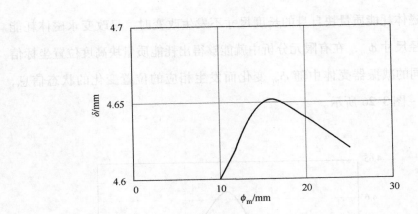

图 3-24　悬浮高度 δ 随永磁体直径 ϕ_m 的变化（结构三）

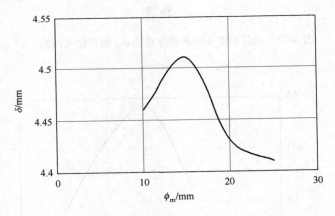

图 3-25　悬浮高度 δ 随永磁体直径 ϕ_m 的变化（结构四）

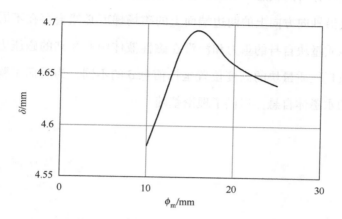

图 3-26　悬浮高度 δ 随永磁体直径 ϕ_m 的变化（结构五）

　　在五种结构中，耗能质量块的高度位置坐标信息 δ 随永磁体直径 ϕ_m 的变化趋势一致，随着 ϕ_m 的增大，耗能质量块的高度位置坐标信息 δ 先增大后减小，这也是因为随着 ϕ_m 的不断增加，耗能质量块磁压力和重力的变化量是不同的，因此耗能质量块高度位置的坐标信息 δ 也不同。

3.5　本章小结

　　依据磁性液体的浮力原理，在本章的内容中设计了五种不同结构类型的减振器壳体的内壁结构。在 ANSYS 中分析了耗能质量块在减振过程中的受力状态，分析得出永磁体耗能质量块浸没在磁性液体中所受到的磁压力与距离减振器壳体底部距离之间的关系，以及永磁体耗能质量块的悬浮高度分别于自身的长度尺寸和直径尺寸之间的变化关系。通过 ANSYS 仿真计算结果表明，耗能质量块在装载有磁性液体的减振器壳体内部的高度位置坐标信息随耗能质量块自身的直径尺寸和长度尺寸的变大，均表现为先增大后减小。由于永磁体沿轴向充磁，由此耗能质量块在垂直于轴向方向上的磁场状态呈现为以两边对称分布的状态。所以，在减振器壳体外壳尺寸参数不变的情况下，耗能质量块沿轴向方向上的两边端面上的磁场梯度必然会存在不同状态的分布；而耗能质量块自身的重力和浸没在磁性液体中所受到的磁压力的变化量不同而导致耗能质量块的高度位置坐标信息 δ 的不同，为后面试验用磁性液体减振器的永磁体自悬浮提供了理论基础。

第 4 章
纳米磁性液体阻尼减振试验研究

　　前述章节的内容中设计了减振器壳体的具体结构及其详细的结构参数。本章的内容主要针对第 3 章中设计的五种不同壳体结构类型的减振器进行试验探究。通过研究，得出减振器的减振特性与永磁体的尺寸的关系，不同的初始振幅和不同饱和磁化强度的磁性液体对减振效果的影响。

4.1　阻尼减振试验台

4.1.1　试验装置

　　减振试验装置如图 4-1 所示，主要由黄铜板悬臂梁、磁性液体减振器、升降台、高度尺、数据采集器与计算机组成。减振器的外壳与数据采集器刚性连接。

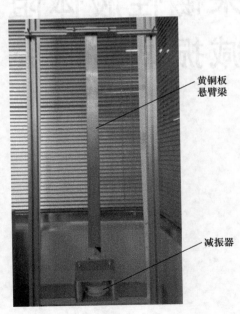

图 4-1　弹性悬臂梁减振试验台

4.1.2 减振器信号处理装置

在工程实际中，由于以下原因，使振动测量变得十分必要：

1）对生产率越来越高的要求及设计时基于经济方面的考虑，一般来讲机器的运转速度都很高，同时要求使用质量较小的材料。这些都使机器运行时更有可能发生共振，从而使系统的可靠性降低。所以，为了保证机器足够安全，必须对机器的振动特性定期测试。如果发现机器的固有频率发生了变化，或者振动振型发生了变化，则说明机器发生了故障，特别是要求加工精度较高或者有一定危险性的机器设备都必须停机检修。

2）使用机器前首先要测量机器的固有频率，在选择其他机器时就能够避开共振频率，防止两台设备发生共振对设备造成损害。

3）在进行计算时，一般会略去许多因素，这就造成计算结果与实际值有一定差距。

4）测量振动频率及由振动造成的力，对与主动隔振系统设计运行特别重要。

5）在现实应用中，须确定机器是否承受某种振动环境。如果机器经过振动测试以后可以达到预期要求，则认为可以承受这类振动环境，在工作时不会因为外部振动而发生破坏。

6）在进行振动分析时，通常将连续系统近似为多自由度系统。如果测量所得数据与理论计算的结果比较接近，就认为多自由度系统是有效的。

7）传感器将运动状态发生变化的信号转化为能够被仪器识别和读取的电信号。传感器就是将机械量的变化转变成电量的变化的装置。因为传感器输出的信号较小，直接进行记录时存在困难，所以可以使用信号转换仪把信号放大。

　　通常用于数据采集的仪器主要有压电传感器、变电阻传感器、电动式传感器、线性变化差动变换传感器。变电阻传感器的核心元件是电阻应变计，包括一个由于机械变形会引起电阻变化的丝栅。丝栅是电阻应变片中的核心部分，由直径为 0.02 ~ 0.05mm 的康铜丝或镍铬丝绕成栅状（或用很薄的金属箔腐蚀成栅状）夹在两层绝缘薄片（基底）中制成。当应变片粘贴在一个结构上以后，它会经历和构件相同的运动，因此电阻的变化能够反映构件的应变。丝栅是夹在两层薄纸中间的。使用时将应变片粘贴在待测应变处的表面。最常见的应变片材料是铜镍合金。当振动体表面产生正应变时，应变片也产生相同的应变，而相应的电阻也产生变化。

　　电动传感器的输出电压与线圈的相对速度成正比，因此它们通常用于速度的测量。线性变化差动变换传感器是由中间的一个初级线圈、端部的两个次级线圈和一个可以在线圈内沿轴向自由移动的铁心构成。当交流输入电压作用于初级线圈时，输出电压等于感应出的次级线圈的电压差。输出电压与线圈和铁心之间的磁耦合有关，而磁耦合与铁心轴向位移有关。两个次级线圈反相相连，当铁心处于准确的中间位置时，使两个线圈的电压相等，且相位差为 180°。

　　一般来讲，系统响应时间历程无法给出许多有用信息。频谱或频率分析仪可以用来进行信号分析。它们能在频率域内对信号进行分析，即识别信号的能量分布在哪几个不同的频带内。这种识别是由一组滤波器来完成的。频谱分析仪一般根据所使用的滤波器的种类分类。例如，如果使用倍频带滤波器，则频谱分析仪称为倍频带分析仪。

　　近些年来，数字分析仪用于实时信号分析已经十分普及。在实时频率分析中，信号是在全部频带内连续分析的。因此，计算过程未必比采集信号用的时间多。因为在振动的运行状况发生变化时，可以同时观察到噪声或者振动频谱的变化，所以实时分析对振动的健康状况监测是特别有用的。

带通滤波器指的是允许信号中在某一频带内的频率通过，不允许其他频率成分通过。信号分析时，有恒百分比带宽滤波器和恒带宽滤波器两种类型。对于一个恒百分比带宽滤波器来说，带宽与中心频率的比例是一个常数。

机械或结构的动态测试包括确定机械或结构在极限频率下的变形，可以通过两种方法：测量运行时的模态分析或变形。测量变形是在系统稳态运行频率下测量系统的受迫动态变形。为了测量，在机械或结构的某些点上安装加速度计作为参考，另一个移动的加速度计安装在另外几个点上。如果有必要，还要安装在不同的方向上。当系统以稳态运转时，所有点处的加速度计幅值的大小及移动加速度计和参考加速度计的相位差是可以测量的。通过对这些测量结果绘图，可以发现机器的各个部件之间存在怎样的相对运动及它们的绝对运动。模态测试机中通过模态的组合可以得到机械结构的任何动态响应，因此，机械结构的完整动态描述包括模态形状、模态频率和模态阻尼比。试验模态分析指的是通过测试来确定系统的固有频率、阻尼比和模态形状。

激振器一般选用电磁振荡器或冲击锤。电磁振荡器可以提供较大的输入力，可以比较容易地测量响应，并且电磁型振荡器的输出较易控制。激励信号一般是扫频正弦信号或随机信号。在输入的信号为扫频正弦信号时，可以在特定频率范围内的离散频率上产生大小为 F 的简谐力。在测量每一个离散频率处的响应大小和相位之前需要使结构达到稳定状态。在阻尼减振器固定在要测量结构上的情况下，振荡器质量会对要测量的结果产生影响。因此，要尽量使阻尼减振器的质量影响达到最小。在该试验中所设计的磁性液体阻尼减振试验装置采用给定初始偏移产生自由振动，由此没有激振器的质量会对振动测量产生任何影响。

在各类传感器中，压电传感器是目前使用最广泛的传感器。在该试验中，采用的是加速度传感器。将加速度传感器置于振子的末端，读出加速度信号，经过信号采集器处理，显示振子末端的位移信号与时间的关系，便可得知振子的偏振位移随时间的变化关系。

因为传感器的输出阻抗不能直接给信号分析仪器输入信号，因此，一般选用电荷放大器或电压放大器作为信号调理器，在信号分析之前对信号进行梳理和放大。响应信号在调理之后输入到分析仪进行信号处理。该试验中采用的是集放大和换算分析于一体的数据采集器，将传感器读取的振子位移信号随时间的变化显示出来。

4.2 磁性液体阻尼减振试验性能研究

4.2.1 不同永磁体直径对减振性能的影响

首先按照所设计的耗能质量块结构将永磁体耗能质量块安装起来，把密封圈安装在剖分式减振器壳体的密封环上，再把永磁体安装进减振器壳体。随后向减振器的壳体内部中注入一定量的磁性液体，永磁体逐渐被悬浮起来。图 4-2 所示为装配完成的结构一型减振器。

耗能质量块是减振器中的重要组成部分，第 3 章中磁场仿真分析得出永磁体的尺寸不仅对阻尼减振器内部的磁场分布有影响，而且永磁体与壳体底部的间隙同样会对磁性液体的分布形态造成影响。

为了探究永磁体耗能质量块不同直径尺寸对减振性能的影响，首先选用结构一型阻尼减振器，永磁体直径尺寸 ϕ_m 分别为 10mm、15mm、20mm 和 25mm，长度均为 2mm；选用的磁性液体饱和磁化强度为 380.5Gs，端盖选用

图 4-2　结构一型减振器

平盖，对五种不同壳体结构类型减振器的减振性能进行分析。作为被减振物体的悬臂梁选用黄铜板，其长度尺寸为 2m，宽度为 50mm，厚度为 5mm。其中结构二型减振器壳体内壁的 α 和 β 角度取值均为 3°，γ 和 θ 角度取值为 6°。对于 α、β 和 γ 角度的取值在后面的试验中如果没有特殊说明均采用此值，初始振幅设定为 0.5mm、1mm、1.5mm、2mm，后面不再赘述。在试验台上将黄铜板的上端固定，将下端作为自由端，并将下端与磁性液体阻尼减振器采用刚性连接。当耗能质量块的直径不同时，其消振时间如图 4-3 所示。结构二、结构三、结构四和结构五型的阻尼减振器的消振时间分别如图 4-4 ～图 4-7 所示。

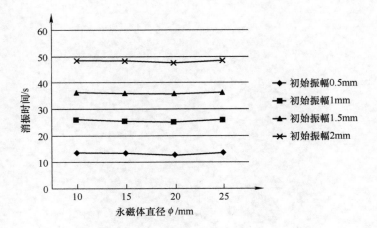

图 4-3　消振时间随永磁体直径的变化（结构一）

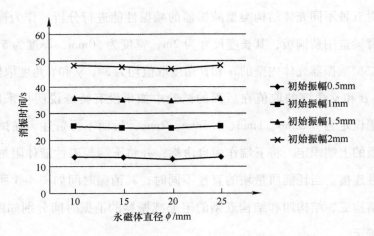

图 4-4　消振时间随永磁体直径的变化（结构二）

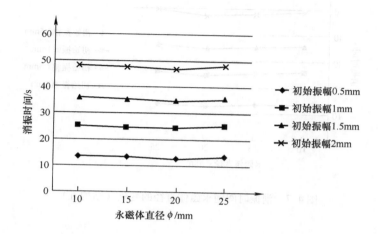

图 4-5　消振时间随永磁体直径的变化（结构三）

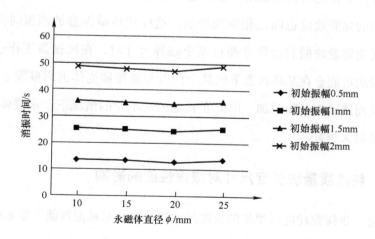

图 4-6　消振时间随永磁体直径的变化（结构四）

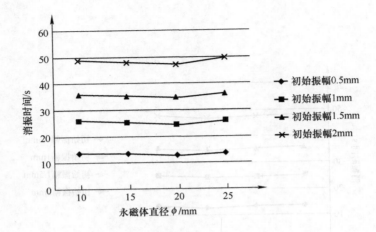

图 4-7　消振时间随永磁体直径的变化（结构五）

从图 4-3 ~ 图 4-7 的结果得出，在加入同样磁性液体的条件下，耗能质量块的直径尺寸对消振时间的影响表现为随着永磁体直径尺寸变大，耗能质量块与磁性液体之间的接触面积也随之相应地增大，那么磁性液体对耗能质量块产生的黏滞效应也随之相应地增强，这样便使减振器的消振时间减少；但是当耗能质量块的直径尺寸超过某个临界尺寸时，在减振器工作过程中，耗能质量块可能会在某些状态下的某个位置与减振器壳体的内壁发生剧烈地碰撞，从而使减振时间增加。因此在其他因素不变的情况下，永磁体直径尺寸并不是越大越好。

4.2.2　耗能质量块长度尺寸对减振性能的影响

为进一步探究耗能质量块的长度尺寸发生变化对减振性能所带来的影响，分别针对不同结构尺寸的阻尼减振器，永磁体直径尺寸 ϕ_m 选用 25mm，长度分别为 2mm、4mm、6mm、8mm；选用的磁性液体饱和磁化强度为 380.5Gs，初始振幅设定为 0.5mm、1mm、1.5mm、2mm，端盖选用平盖，作为被减振的悬臂梁为黄铜板，长度尺寸为2m，宽度为50mm、厚度为5mm。对五种不同壳体结构类型的减振器进行分析。采用不同长度的永磁体，消振时间分别如图4-8~图4-12所示。

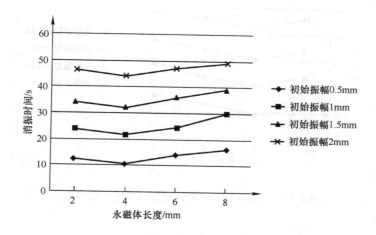

图4-8　消振时间随永磁体长度的变化（结构一）

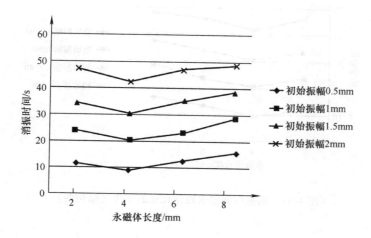

图4-9　消振时间随永磁体长度的变化（结构二）

的振幅视为振幅，长度 F_1 为 $12m$，宽度为 $50mm$，刚度为 $5 N/mm$，初步计算得出不同条件下消振时间，采用不同长度的永磁体 F_1 进行时间测量（如图 4-8~图 4-12 所示。

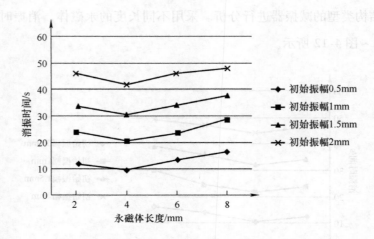

图 4-10　消振时间随永磁体长度的变化（结构三）

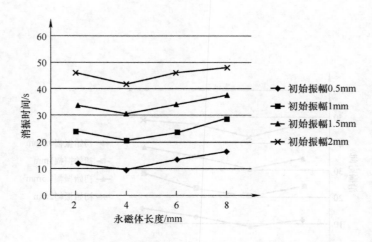

图 4-11　消振时间随永磁体长度的变化（结构四）

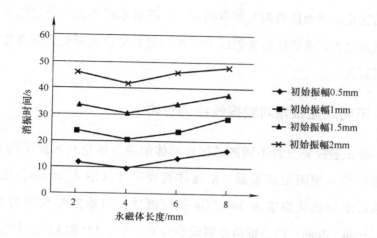

图 4-12　消振时间随永磁体长度的变化（结构五）

从以上五种结构的试验中可知，随永磁体长度增加，消振时间均为先缩短后延长。当永磁体耗能质量块沿轴向充磁时，耗能质量块在垂直于轴向方向上的磁场状态呈现为以两边对称分布的状态。由此，当减振器壳体不发生改变时，在垂直方向上，由于沿轴向充磁，那么耗能质量块沿轴向方向上的两边端面上的磁场梯度必然也会存在不同状态的分布。那么将造成永磁体耗能质量块在磁性液体中所受到磁压力也发生变化，从而消振时间也相应地发生变化；当永磁体的长度发生变化时，耗能质量块沿长度方向上的两边端面上的磁场梯度必然会存在不同状态的分布，其沿长度方向上的两个端面会产生不同的磁压力。在五种结构的试验中，消振时间的变化趋势也趋于一致。由于永磁体尺寸在长度方向增加时，永磁体的重力也在成倍数增加，根据永磁体稳定悬浮的计算式式（2-46），永磁体所受的合外力 F 为：

$$F = (\rho - \rho')gkV + F'_{m} = 0$$

作用在永磁体上的磁压力随着永磁体长度变化而变化，消振时间也随即变化。当永磁体长度增加时，对永磁体产生磁压力也会增大，从而克服永磁体重力的变化，从而使消振时间有所减少；随着永磁体长度超过临界值，永磁体的重力过大，永磁体所受磁压力的增加量不足以克服重力的变化，由此消振时间延长。

4.2.3　不同端盖锥角对减振性能的影响

　　进一步试验探究分析不同的减振器壳体的端盖锥角对减振性能的影响，首先选用结构一型阻尼减振器，永磁体直径尺寸选用 $\phi_m 25\text{mm}$，长度均为 2mm；选用饱和磁化强度为 380.5Gs 磁性液体；初始振幅设定为 0.5mm、1mm、1.5mm、2mm，端盖锥角分别设定为 6°、9°、12° 和 15°，弹性悬臂梁选用黄铜板，长度为 2m，宽度为 50mm、厚度为 5mm，分别对五种结构类型减振器的减振性能进行分析。结构一型阻尼减振器不同端盖锥角阻尼减振的消振时间如图 4-13 所示。结构二、结构三、结构四和结构五型的阻尼减振器不同端盖锥角减振时的消振时间分别如图 4-14 ~ 图 4-17 所示。

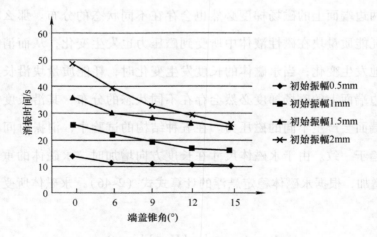

图 4-13　消振时间随端盖锥角的变化（结构一）

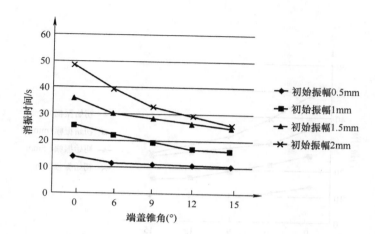

图 4-14　消振时间随端盖锥角的变化（结构二）

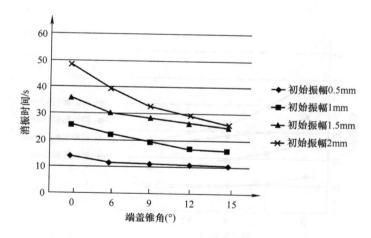

图 4-15　消振时间随端盖锥角的变化（结构三）

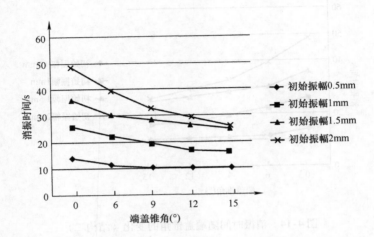

图 4-16　消振时间随端盖锥角的变化（结构四）

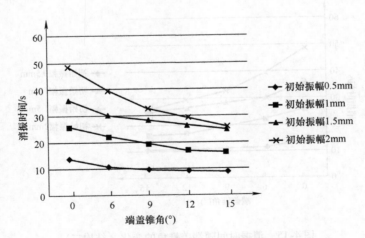

图 4-17　消振时间随端盖锥角的变化（结构五）

　　从图 4-13 ~ 图 4-17 的试验数据可以看出，加入同样的磁性液体，当端盖锥角逐渐增大时，由于永磁体耗能质量块沿轴向充磁，耗能质量块在垂直于轴向方向上的磁场状态呈现为以两边对称分布的状态。那么当减振器壳体的尺寸不变时，由于永磁体是沿轴向充磁的，那么耗能质量块沿轴向方向的两边端面上的磁场梯度必然也会存在不同状态的分布。正是耗能质量块沿轴向的两个端面产生了不同的磁场强度梯度才能使永磁体耗能质量块沿轴向的两个端面受到不同的磁压力从而悬浮。而当端盖角度发生变化时候，减振器的上下端盖将同时发生变化，永磁体上下端面磁力线的变化也大致一致。在五种结构减振器的减振试验中，端盖锥角对减振器消振时间的影响表现为随着端盖锥角的增大消振时间缩短。当耗能质量块偏离平衡态时，与普通的平盖减振器的减振试验相比，端盖锥角能够为永磁体的偏离提供更大的回复力，使永磁体能够更快地响应回复到稳定悬浮的高度，在五种结构减振器的减振试验中，消振时间随端盖锥角的增加均表现为减振时间缩短。

4.2.4　不同磁性液体饱和磁化强度对减振性能的影响

　　阻尼减振器中磁性液体的饱和磁化强度对阻尼减振器的减振性能同样有着重要的影响。为了试验研究不同的磁性液体饱和磁化强度对阻尼减振器减振性能的影响，首先选用结构一型阻尼减振器，永磁体直径尺寸选用 $\phi_m 25\mathrm{mm}$，长度均为 2mm；端盖选用平盖，初始振幅设定为 0.5mm、1mm、1.5mm 和 2mm，选用饱和磁化强度分别为 261.9Gs、332.5Gs、380.5Gs、408.9Gs、484.6Gs、531.7Gs 的磁性液体；将黄铜板作为被减振的悬臂梁，其长度尺寸信息为 2m，宽度为 50mm、厚度为 5mm；分析五种结构类型减振器的减振性能。结构一型减振试验的消振时间数据如图 4-18 所示。结构二、结构三、结构四和结构五型的减振试验的数据分别如图 4-19 ~ 图 4-22 所示。

从图4-18和4-19可以看出，随着初……

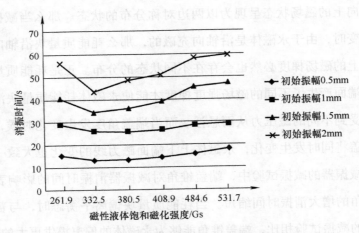

图 4-18　饱和磁化强度对减振的影响（结构一）

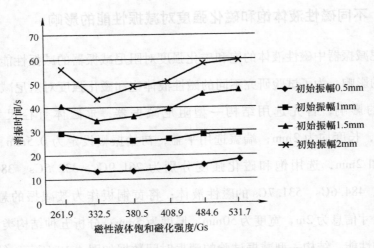

图 4-19　饱和磁化强度对减振的影响（结构二）

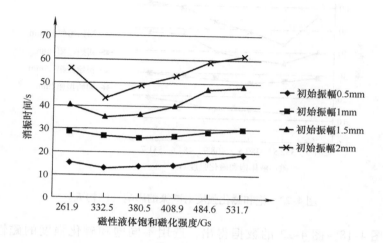

图 4-20   饱和磁化强度对减振的影响（结构三）

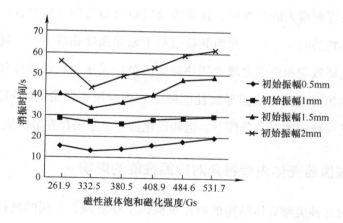

图 4-21   饱和磁化强度对减振的影响（结构四）

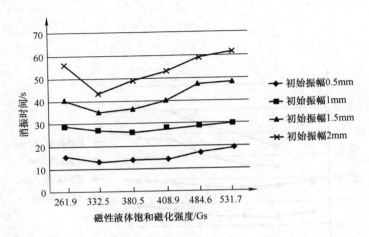

图 4-22　饱和磁化强度对减振的影响（结构五）

从图 4-18 ~ 图 4-22 的数据得出，选用不同饱和磁化强度的磁性液体，饱和磁化强度对消振时间的变化所带来的影响主要为饱和磁化强度与消振时间成负相关；当饱和磁化强度变大到某一个临界值时，振动消失所耗费的时间出现极小值，当饱和磁化强度再增大时，消振时间又逐渐延长。因为饱和磁化强度在逐渐增大的过程中，其黏滞效应也会随之相应地变强，从而使减振消失所耗费的时间缩短；而当其超过某个磁化强度临界值时，耗能质量块受到黏滞阻碍效应相应随之增大到使耗能质量块无法与磁性液体和减振器壳体内壁产生相对运动，从而导致耗能减少，故减振所耗费的时间就延长了。所以，在某一特定的振动条件下，饱和磁化强度也应当存在最优值。

4.2.5　减振器壳体内壁锥角对减振性能的影响

通过对五种类型壳体结构的减振试验，不难发现，不同的减振器壳体内壁在相同的振动条件下，存在不同的消振时间。由此，减振器壳体内壁的锥角及弧度对减振器的减振性能均存在一定的影响。下面先通过试验来分析减振器壳体内壁锥角对阻尼减振器减振性能的影响规律。将结构二型的 α 角度

分别设置为 3°、6°、9°、12°和 15°，结构三型减振器中的 β 角度分别设置为
3°、6°、9°、12°和 15°，结构四型减振器中 γ 角分别设置为 6°、12°、18°、
24°和 30°，结构五型减振器中 θ 角分别设置为 6°、12°、18°、24°和 30°。永
磁体直径尺寸选用 ϕ_m 25mm，长度均为 2mm；选用饱和磁化强度为 380.5Gs
的磁性液体；初始振幅设定为 0.5mm、1mm、1.5mm 和 2mm，弹性悬臂梁选
用黄铜板，长度设置为 2m，宽度为 50mm、厚度为 5mm，对结构二型阻尼减
振器五种不同壳体内壁锥角的减振性能进行试验分析。在相同的振动条件下，
结构二、结构三、结构四、结构五型阻尼减振器四种壳体内壁锥角的消振时
间如图 4-23 所示。

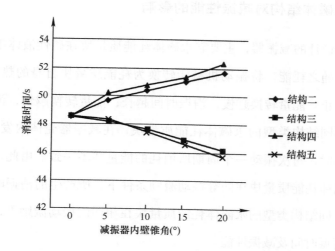

图 4-23　阻尼减振器不同内壁锥角的消振时间

由图 4-23 可以看出，随着减振器不同壳体内壁锥角的增大，不同结构类
型的减振器的消振时间也在变化。结构二型与结构四型减振器的消振时间随
着壳体内壁锥角的增大而逐渐延长；结构三型与结构五型减振器的消振时间
随着壳体内壁锥角的增大而逐渐缩短。对于结构二与结构四型阻尼减振器，

由于永磁体在壳体内受到振动作用偏离稳定悬浮的平衡位置时，永磁体竖直方向上磁力线发生变化因此永磁体的磁压力也发生了变化，减振器壳体内壁的锥角提供给永磁体的力与永磁体回复到平衡位置的方向反向，使永磁体回复到平衡位置的时间延长。而对于结构三和结构五型阻尼减振器，在永磁体偏离平衡位置时，内壁锥角如端盖锥角一样能够给永磁体提供一定的回复力，使永磁体在偏离平衡位置时能够更快地响应并且回复到平衡位置。而结构一型减振器内壁没有内壁锥角，因此在图4-23中没有变化。结构三型与结构五型在相同振动条件下，消振时间比结构一型消振时间更短，因此，结构三型与结构五型减振器壳体结构设计中内壁锥角的设计比结构一型减振器更优。

4.2.6　永磁体结构对减振性能的影响

本文所设计的减振器，主要靠永磁体耗能质量块在磁性液体中随振动激励而振动，随之耗能，将振动机械能转换为耗能质量块自身的热能和势能，直至振动停止。能量转换越慢，消振时间越长；能量转换越快，消振时间越短。对于不同结构类型的永磁体耗能质量块，在减振器壳体内发生小振幅、低频率振动时，每次振动一个周期所消耗的能量并不一致。由此，不同结构类型的永磁体耗能质量块在同等振动激励条件下，所产生的消振时间是不一致的。对不同结构类型的永磁体耗能质量块在相同的振动激励下，比较分析减振器的消振时间及减振性能。

首先选用结构一型阻尼减振器，永磁体结构尺寸分别选用如图3-10和图3-11所示的简易型永磁体耗能质量块和工字形永磁体耗能质量块；端盖选用平盖，初始振幅设置为2mm，选用饱和磁化强度为380.5Gs的磁性液体；再分别对五种不同壳体结构类型的减振器在相同的振动激励，选用黄铜板作为被减振物体的悬臂梁，长度为2m，宽度为50mm，厚度为5mm，不同结构类型的永磁体耗能质量块在减振作用下进行减振性能分析。结构一型减振器分别选用简易型永磁体耗能质量块与工字形永磁体耗能质量块的消振时间如图4-24所示，结构二、结构三、结构四、结构五型减振器分别选用简易形永磁体耗能质量块与工字形永磁体耗能质量块的消振时间分别如图 4-25 ~ 图4-28所示。

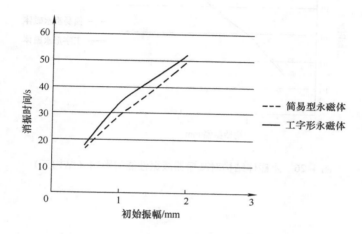

图4-24　永磁体结构对减振器减振性能的影响（结构一）

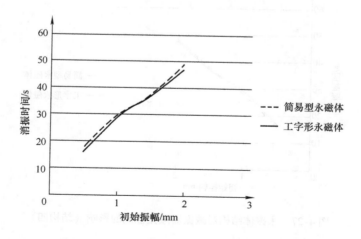

图4-25　永磁体结构对减振器减振性能的影响（结构二）

分别改变永磁体材料的尺寸、结构等，从而改变内部磁场的方向和幅值。图4-26所示，当初始振幅相同时，结构三的工字形永磁体与简易型永磁体相比，减振性能略优于工字形永磁体。由图可知，这两种减振器的减振性能相差无几，仍如图4-25所示。

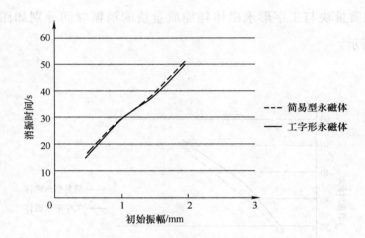

图4-26　永磁体结构对减振器减振性能的影响（结构三）

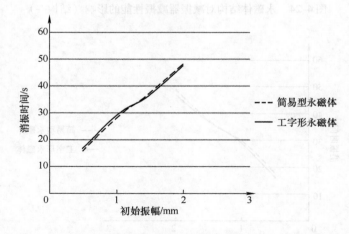

图4-27　永磁体结构对减振器减振性能的影响（结构四）

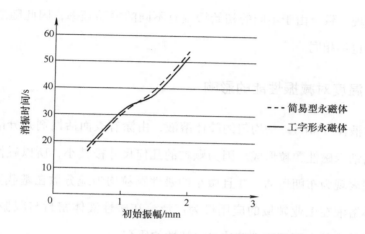

图 4-28 永磁体结构对减振器减振性能的影响（结构五）

由图 4-24 可以看出，在相同的振动激励条件下，对结构一型磁性液体阻尼减振器的减振试验中，使用简易型永磁体耗能质量块比使用工字形永磁体耗能质量块所需的消振时间更短。结合式（2-45）中的受力悬浮条件：$F = (\rho - \rho')gkV + F'_m = 0$，当耗能质量块在外界振动激励作用下发生偏离平衡位置的振动时，由于不同结构类型的永磁体耗能质量块的自重不同，在磁性液体中发生的振动也不同，从而导致消振时间不一致。

而在图 4-25 中，在相同的振动激励条件下，对结构二型磁性液体阻尼减振器的减振试验中，使用简易型永磁体耗能质量块与使用工字形永磁体耗能质量块所需的消振时间随着初始振幅的不同也不一致。当初始振幅为 0.5mm 和 1mm 时，使用简易型永磁体耗能质量块比使用工字形永磁体耗能质量块所需的消振时间更短；而当初始振幅为 1.5mm 和 2mm 时，使用简易型永磁体耗能质量块比使用工字形永磁体耗能质量块所需的消振时间更长。如

图 4-26 ~ 图 4-28 所示，结构三、结构四、结构五型减振器在使用简易型永磁体耗能质量块和使用工字形永磁体耗能质量块所需的消振时间与结构型二的性能表现一致。由于不同的初始振幅有不同的振动频率，因此随之产生的耗能时间也不相同。

4.2.7　温度对减振性能的影响

磁性液体（MLS）是均匀的胶体溶液，由涂有表面活性剂并分散在基础溶液中的纳米磁性颗粒形成。因为颗粒的几何尺寸极其小，所以磁性颗粒在基载液中表现为布朗运动，并且微小的磁性颗粒均匀地分散在基载液中，使这一胶体溶液在工业领域的应用极为广泛。在磁性液体密封与减振等方面，工业应用效应都离不开磁性液体黏温特性的研究。

为了概念清晰，我们把磁性液体中由于温度场的变化导致黏度变化的现象称为黏温特性。随着温度的变化，磁性液体的黏度也逐渐发生变化。而磁性液体阻尼减振器主要靠磁场作用和胶体溶液的黏滞效应产生阻尼减振。由此，温度场的变化必然会对减振器的减振性能产生重要的影响。

随着环境温度连续不断地升高，部分磁性流体将会蒸发，同时饱和磁化强度会降低。当所处的试验环境温度数值超过居里温度点的时候，磁性就不存在了。由此，当环境温度超过 105℃时，应当采取相应的冷却措施以保障磁性液体兼具普通液体的流动性和磁性液体的磁性，使减振性能不失效。当环境温度降低时，磁性液体的黏温性能也会随着环境温度的变化而发生相应的变化，那么温度场对磁性液体减振性能的影响也一定是研究磁性液体减振器减振性能的重点。

为进一步试验研究温度变化对阻尼减振器减振性能的影响，分别针对不同结构尺寸的阻尼减振器，永磁体直径尺寸 ϕ_m 选用 25mm，长度为 2mm；选用饱和磁化强度为 380.5Gs 的磁性液体；设置初始振幅为 2mm，选用简易型永久磁铁耗能质量块，端盖选用平盖，弹性悬臂梁选用黄铜板，宽度为50mm、厚度为5mm，长度分别取0.5m、1m、1.5m、2m；对五种不同壳体结构类型的减振器的减振性能进行试验分析。由于环境温度要严格控制，而磁性液体减振器随温度变化特性的测试方法尚无可靠的标准。在汽车行业标准QC/T 491—2018中，在汽车减振器的性能测试方法中，明确规定了汽车悬架减振器的温度特性测试方法。其测试要求将减振器放置在加热或冷却试验舱中进行加热或冷却。达到试验所需的温度后，应将试验舱内部环境温度保持1.5h。然后，在试验平台上测试阻尼器在各种温度条件下的减振时间。本试验在汽车整车恒温试验舱中进行，试验舱的技术参数标准见表4-1，试验舱的整体结构如图4-29所示，环境温度在 -20 ~60℃分别间隔5℃取值，对减振情况进行试验监测。结构一型的减振数据如图4-30所示，显示了减振器不同长度的悬臂梁在不同初始振幅下随着温度的变化其消振时间的变化；而结构二、结构三、结构四、结构五型的减振数据分别如图4-31 ~ 图4-34所示。

表4-1　试验舱技术参数标准

主要参数	工作室尺寸	5500mm × 3000mm × 2800mm（$D \times W \times H$）
	外形尺寸	6250mm × 3200mm × 3300mm（$D \times W \times H$）
	温度范围	-40 ~60℃
	温度变化速率	-40 ~25℃ ≤2.5h；25 ~60℃ ≤2h
	温度控制精度	≤1℃
	温度控制偏差	≤2℃

（续）

	外箱材质	优质拼接装库板
主要参数	内箱材质	进口不锈钢 SUS304
	地板结构	防滑不锈钢，厚度≥3mm
	温度控制器	优易控温湿度计
	感温传感器	PT100 铂金电阻测温体
	湿度传感器	进口电子式湿度传感器
	制冷方式	双机复叠式制冷
	压缩机	德国比泽尔
	电源电压	AC 380V，50Hz

图 4-29　恒温试验舱

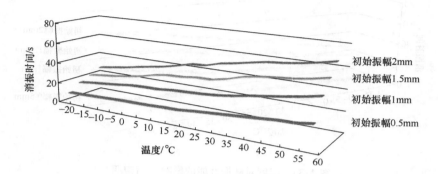

图 4-30　温度对减振性能的影响（结构一）

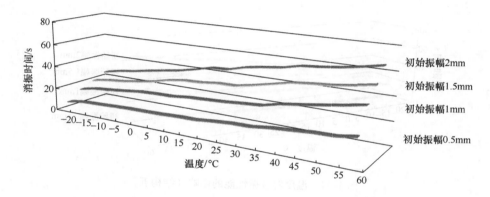

图 4-31　温度对减振性能的影响（结构二）

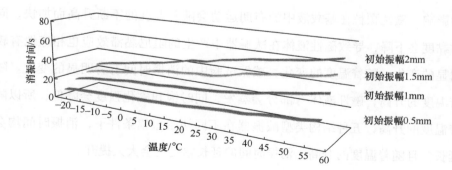

图 4-32　温度对减振性能的影响（结构三）

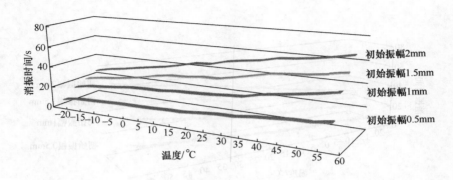

图 4-33　温度对减振性能的影响（结构四）

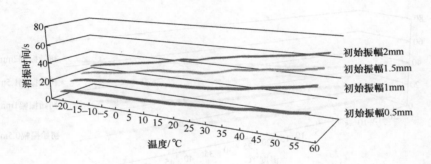

图 4-34　温度对减振性能的影响（结构五）

　　结合图 4-30～图 4-34 的数据显示，温度的变化对黏度产生了非常显著的影响，磁性颗粒在基载液中的布朗运动会随着温度的不断升高而加快，同时黏度会下降，导致磁性液体在减振器中产生的阻尼黏滞效应也相应地有较明显的变化，随着温度的变化，减振试验中的消振时间有着明显的变化。随着温度的升高，磁性液体有部分会蒸发，同时饱和磁化强度会降低，所以随着温度的升高，五种结构类型减振器在不同初始振幅条件下，消振时间均会延长，且随着温度的升高，消振时间的延长幅度也会大大提升。

4.3　本章小结

本章的内容中首先介绍了减振器的试验台，探究了减振性能，分析了永磁体长度与直径、减振器端盖锥角及饱和磁化强度对减振性能的影响。探究了五种不同壳体结构类型的减振器，得出了以下结论：

1）在同样的振动条件下，耗能质量块的直径尺寸对消振时间的影响表现为随着永磁体直径尺寸变大，耗能质量块与磁性液体之间的接触面积也随之相应地增大，那么磁性液体对耗能质量块产生的黏滞效应也随之相应的增强，这样便使减振器的消振时间减少；但是当耗能质量块的直径尺寸超过某个临界尺寸时，在减振器工作过程中，耗能质量块可能会在某些状态下的某个位置与减振器壳体的内壁发生剧烈地碰撞，从而使减振时间增加。因此在其他因素不变的情况下，永磁体直径尺寸应该具有最优值。

2）在五种结构的试验中，随耗能质量块长度尺寸的变化，消振时间的变化趋势也趋于一致。作用在永磁体上的磁压力随着永磁体长度变化而变化，消振时间也随即变化。当永磁体长度增加时，对永磁体产生的磁压力增大，能够克服永磁体重力的变化，消振时间有所减少；随着永磁体长度超过临界值，永磁体的重力过大，永磁体所受磁压力的增加量不足以克服重力的变化，由此消振时间延长。

3）在相同的振动条件下，当端盖锥角逐渐增大时，端盖锥角对减振器消振时间的影响表现为随着端盖锥角的增大，永磁体上下端面所受磁压力发生变化；当耗能质量块偏离平衡态位置时，与普通的平盖减振器的减振试验相比，端盖锥角能够为永磁体的偏离提供更大的回复力，使永磁体能够更快地响应回复到稳定悬浮的高度，在五种结构减振器的减振试验中，消振时间随端盖锥角的增加均表现为减振时间缩短。

4）不同饱和磁化强度的磁性液体，五种结构的阻尼减振器在减振试验表现出饱和磁化强度增加时，消振时间缩短；当饱和磁化强度变大至某一临界值时，减振器减振所耗费的时间出现极小值，当饱和磁化强度再增大时，减振器减振所耗费的时间又会变得逐渐延长。

5）随着减振器不同壳体内壁锥角的增大，不同结构类型减振器的消振时间也在变化。而结构一型减振器内壁没有内壁锥角，消振时间没有发生变化；结构三型与结构五型减振器的消振时间随着壳体内壁锥角的增大而逐渐缩短；结构二型与结构四型减振器的消振时间随着壳体内壁锥角的增大而逐渐延长。为减振器结构选型提供了有力的理论和试验依据。

6）在相同的振动激励条件下，使用简易型永磁体耗能质量块与使用工字形永磁体耗能质量块所需的消振时间随着初始振幅的不同也不一致。在结构一型减振器的减振试验中，使用简易型永磁体耗能质量块比使用工字形永磁体耗能质量块所需的消振时间更短。对于结构二、结构三、结构四和结构五型减振器，当初始振幅为 0.5mm 和 1mm 时，使用简易型永磁体耗能质量块比使用工字形永磁体耗能质量块所需的消振时间更短；而当初始振幅为 1.5mm 和 2mm 时，使用简易型永磁体耗能质量块比使用工字形永磁体耗能质量块所需的消振时间更长。

7）磁性颗粒在基载液中的布朗运动会随着温度不断地逐渐升高，而运动速度加快会导致黏度下降，同时磁性液体在减振器中产生的阻尼黏滞效应也相应地有较明显的变化，随着温度的变化，减振试验中的消振时间有着明显的变化。随着温度的升高，磁性液体有部分会蒸发，同时饱和磁化强度也会相应地发生降低的现象，所以随着温度不断地继续升高，五种结构类型减振器在不同初始振幅条件下，消振时间均会延长，且随着温度不断地继续升高，消振时间的延长幅度也会大大提升。

第 5 章
随机振动的分析

纳米磁性液体阻尼减振器主要应用于小振幅、低频率精密仪器的减振。精密天平在称量过程中受环境影响产生低频率、小振幅的振动,将影响称重的精确度。而产生低频率、小振幅的振动往往来自于随机振动[171]。随机振动不同于确定性振动,故随机振动的减振控制与确定性振动的减振控制也不同。

5.1　随机振动的基本概念

在实际工程中,有些振动是无法预测的,像是大型的工程结构,如桥梁、高层建筑在风的作用下的振动,船舶在海浪的作用下产生的振动,或者车辆在行驶过程中因为路面不平造成的颠簸等。之所以无法预测这些工程结构在风、海浪或车辆在路面不平作用下的振动响应,是因为引起这些振动的激励都是随机过程,在自然界中这样不规律的振动激励随着时间的变化不能够用确定的函数关系式来表达,但是这样的振动激励同时又服从一定的统计学数据规律。既然这样的振动激励是随机产生的,那么系统的振动响应也是随机产生的,这些振动由随机激励引起,故称为随机振动。

确定性振动是指振动的响应可以用关于时间变量的函数来准确地表达。这表示振动系统是确定的,同时振动激励也是确定的。但是这样的确定性振动必须要求影响振动特性和振动激励的参数都在确定可控的情况下才能存在,然而在实际工程应用中,有许多参数不能预测,这称为随机过程。例如,飞机在空中飞行时,表面上某一个特殊点的压力变化就是一个随机过程。因为在同样的飞行速度、飞行高度和载荷因素下,多次记录压力的变化时,这些压力数据很可能是杂乱无章的。与此类似,承受由于地震引起的地面加速度的建筑物、承受风载荷的水箱、行驶在粗糙路面上的汽车等表现得也都是随机过程[172-176]。

本章需要解决如何计算或估算振动系统在随机激励作用下的响应，并且要从随机振动的角度分析系统的响应与激励之间的关系问题，也就是输入与输出的关系。当系统受到随机激励时，激励的统计特性、系统响应统计特性，以及与振动系统动态特性关系具有一定的随机性。统计特性指随机变量变化的规律特点。由此可见，概率论与数理统计中有关随机变量的相关知识是研究随机振动的基础。

5.2　随机变量与数理统计

5.2.1　随机过程与样本空间

可以用随机过程描述随机振动。随机振动与确定性振动的不同之处在于在工程中，随机振动是振动中的各个特性参数随时间变化的波动过程，而这个过程不能用确定的关于时间变量的函数关系式进行描述，但又有统计的规律性。实际工程应用中的绝大多数工况都是不确定性的。例如，钢的抗拉强度、尺寸的参数等都是不确定的[177]。如果分别取多个试件进行拉伸试验，在分别进行的试验中，每个试件的抗拉强度并不会完全一样，而这些不同的试验所得的抗拉强度数值会在某一个平均值附近上下波动。像试件的抗拉强度这样的物理量，它们的量值并不能够准确地表达或预测，因此称为随机变量[178]。如果通过试验来确定这个随机变量 x 的值，则每次试验给出的结果并不是某一个量的函数。例如取 10 个试件进行试验，结果可能是 $x^{(1)} = 54\text{s}$，$x^{(2)} = 49\text{s}$，$x^{(3)} = 52\text{s}$，$x^{(4)} = 48\text{s}$，$x^{(5)} = 57\text{s}$，$\cdots$，$x^{(10)} = 55\text{s}$。每一个试验结果都称之为一个样本点。如果对这 10 个试件分别进行 n 次试验，那么对于这 n 次试验得出的所有样本点的结果将构成随机变量的一个样本空间。

5.2.2　统计参数的数字特征

随机过程是随机变量系，整个随机过程可以看作是由这些在不同时间点上取值的随机变量所组成的"系"或"集合"。对随机过程来讲，每个样本函数在时间历程上的取值是随机的，也就是在不同采样时刻得到的随机变量不同[179]。因此还必须考察多个随机变量的联合概率分布（或概率密度）。

5.2.3　概率分布

现在考虑一个随机变量 x，如果 n 次试验的结果分别记为 x_1，x_2，x_3，$\cdots$，x_n，则结果小于某一个特殊值的概率 $Prob$ 可以表示为

$$Prob(x \leqslant \widetilde{x}) = \frac{\widetilde{n}}{n} \qquad (5\text{-}1)$$

式中　$\widetilde{n}$——结果小于或等于 $\widetilde{x}$ 的试验次数。

当试验次数趋于无穷大时，式（5-1）就定义了 x 的概率分布函数：

$$P(x) = \lim_{n \to \infty} \frac{\widetilde{n}}{n} \qquad (5\text{-}2)$$

对于随机的时间函数，同样可以定义概率分布函数。在一个固定的时间跨度 t 内，将 $x(t) \leqslant x$ 的时间间隔分布记为 Δt_1，Δt_2，Δt_3，Δt_4，那么 $x(t) \leqslant x$ 的概率为

$$Prob[x(t) \leqslant \widetilde{x}] = \frac{1}{t} \sum_i \Delta t_i \qquad (5\text{-}3)$$

当时间跨度 t 趋于无穷大时，式（5-3）就定义了 $x(t)$ 的概率分布函数：

$$P(x) = \lim_{n \to \infty} \frac{1}{t} \sum_i \Delta t_i \qquad (5\text{-}4)$$

如果 $x(t)$ 代表一个物理量，那么它的幅值一定是一个有限值，所以必

然有

$Prob[x(t) < -\infty] = P(-\infty) = 0$（不可能事件）

并且

$Prob[x(t) < \infty] = P(\infty) = 1$（必然事件）

$P(x)$ 称为 x 的概率分布函数。$P(x)$ 关于 x 的导数称为概率密度函数，记为 $p(x)$，即：

$$p(x) = \frac{dP(x)}{dx} = \lim_{\Delta x \to 0} \frac{P(x + \Delta x) - P(x)}{\Delta x} \tag{5-5}$$

式中　$P(x + \Delta x) - P(x)$——$x(t)$ 取值在 x 和 Δx 之间的概率。

既然 $p(x)$ 是 $P(x)$ 的导数，所以：

$$P(x) = \int_{-\infty}^{x} p(x') dx' \tag{5-6}$$

因为 $P(\infty) = 1$，由式（5-6）得：

$$P(\infty) = \int_{-\infty}^{\infty} p(x') dx' = 1 \tag{5-7}$$

式（5-7）表面，曲线 $p(x)$ 下方的面积等于 1。

5.2.4　均值与标准差

如果 $f(x)$ 是关于随机变量 x 的变化函数，$f(x)$ 的期望（记为 μ_f 或 $E[f(x)]$ 或 $\overline{f(x)}$）的定义如下：

$$\mu_f = E[f(x)] = \overline{f(x)} = \int_{-\infty}^{\infty} f(x) p(x) dx \tag{5-8}$$

如果 $f(x) = x$，式（5-8）给出 x 的期望（也称为均值）如下：

$$\mu_x = E[x] = \bar{x} = \int_{-\infty}^{\infty} x p(x) dx \tag{5-9}$$

与此类似：

$$\mu_x^2 = E[x] = \overline{x^2} = \int_{-\infty}^{\infty} x^2 p(x) \mathrm{d}x \tag{5-10}$$

由此：

$$\sigma_x^2 = E[(x - \bar{x})^2] = \int_{-\infty}^{\infty} (x - \bar{x})^2 p(x) \mathrm{d}x = \overline{x^2} - \bar{x}^2 \tag{5-11}$$

方差的正的平方根 $\sigma(x)$，称为 x 的标准差。

5.2.5　随机变量的联合概率分布

当需要同时考虑两个或两个以上的随机变量作用因素时，应当由联合概率来决定其概率情况。例如，在测试金属试样的抗拉强度时，每一次试验都可以得到屈服极限和强度极限。关于两个变量的概率函数为

$$p(x_1, x_2) \mathrm{d}x_1 \mathrm{d}x_2 = Prob[x_1 < x_1' < x_1 + \mathrm{d}x_1, x_2 < x_2' < x_2 + \mathrm{d}x_2] \tag{5-12}$$

即第一个随机变量在 x_1 和 $x_1 + \mathrm{d}x_1$ 之间，且第二个随机变量在 x_2 和 $x_2 + \mathrm{d}x_2$ 之间的概率。又：

$$\int_{-\infty}^{\infty} \int_{-\infty}^{\infty} p(x_1, x_2) \mathrm{d}x_1 \mathrm{d}x_2 = 1 \tag{5-13}$$

x_1 和 x_2 则为

$$P(x_1, x_2) = Prob[x_1' < x_1, x_2' < x_2] = \int_{-\infty}^{\infty} \int_{-\infty}^{\infty} p(x_1', x_2') \mathrm{d}x_1' \mathrm{d}x_2' \tag{5-14}$$

x 和 y 各自的概率密度函数（边缘概率密度函数）可以根据联合概率密度函数按下式确定：

$$p(x) = \int_{-\infty}^{\infty} p(x, y) \mathrm{d}y \tag{5-15}$$

$$p(y) = \int_{-\infty}^{\infty} p(x, y) \mathrm{d}x \tag{5-16}$$

x 和 y 的方差按下式确定：

$$\sigma_x^2 = E[(x - \mu_x)^2] = \int_{-\infty}^{\infty} (x - \mu_x)^2 p(x) \, \mathrm{d}x \tag{5-17}$$

$$\sigma_y^2 = E[(y - \mu_y)^2] = \int_{-\infty}^{\infty} (y - \mu_y)^2 p(y) \, \mathrm{d}y \tag{5-18}$$

x 和 y 的协方差 σ_{xy} 为

$$\sigma_{xy} = E[(x - \mu_x)(y - \mu_y)] = \int_{-\infty}^{\infty} \int_{-\infty}^{\infty} (x - \mu_x)(y - \mu_y) p(x,y) \, \mathrm{d}x \mathrm{d}y$$

$$= \int_{-\infty}^{\infty} \int_{-\infty}^{\infty} (xy - x\mu_y - y\mu_x + \mu_x\mu_y) p(x,y) \, \mathrm{d}x \mathrm{d}y$$

$$= \int_{-\infty}^{\infty} \int_{-\infty}^{\infty} xy p(x,y) \, \mathrm{d}x \mathrm{d}y - \mu_y \int_{-\infty}^{\infty} \int_{-\infty}^{\infty} x p(x,y) \, \mathrm{d}x \mathrm{d}y -$$

$$\mu_x \int_{-\infty}^{\infty} \int_{-\infty}^{\infty} y p(x,y) \, \mathrm{d}x \mathrm{d}y + \mu_x\mu_y \int_{-\infty}^{\infty} \int_{-\infty}^{\infty} p(x,y) \, \mathrm{d}x \mathrm{d}y$$

$$= E[xy] - \mu_x\mu_y \tag{5-19}$$

x 和 y 之间的相关系数 ρ_{xy} 为

$$\rho_{xy} = \frac{\sigma_{xy}}{\sigma_x \sigma_y} \tag{5-20}$$

显然，相关系数满足关系 $-1 \leqslant \rho_{xy} \leqslant 1$。

5.2.6 随机过程的相关函数

如果函数：

$$K(t_1, t_2) = E[x(t_1)x(t_2)] = E[x_1 x_2] \tag{5-21}$$

$$K(t_1, t_2, t_3) = E[x(t_1)x(t_2)x(t_3)] = E[x_1 x_2 x_3] \tag{5-22}$$

上述这些函数描述了 $x(t)$ 在不同时刻的值之间的静态联系，称为相关函数。

$x_1 x_2$ 的数学期望即相关函数 $K(t_1, t_2)$ 也称自相关函数，并记为 $R(t_1, t_2)$，由此：

$$R(t_1, t_2) = E[x_1 x_2] \tag{5-23}$$

则：

$$R(t_1, t_2) = \int_{-\infty}^{\infty} \int_{-\infty}^{\infty} x_1 x_2 p(x_1, x_2) \, \mathrm{d}x_1 \mathrm{d}x_2 \tag{5-24}$$

借助于试验，可以通过取第 i 个样本函数的 $x^{(i)}(t_1)$ 和 $x^{(i)}(t_2)$ 的乘积并取总体平均找到 $R(t_1, t_2)$：

$$R(t_1, t_2) = \frac{1}{n} \sum_{i=1}^{n} x^{(i)}(t_1) x^{(i)}(t_2) \tag{5-25}$$

式中 n 代表样本函数的个数。如果 t_1 和 t_2 相差间隔 τ，即 $t_1 = t$，$t_2 = t + \tau$，则有：

$$R(t + \tau) = E[x(t) x(t + \tau)] \tag{5-26}$$

5.2.7　平稳随机过程

平稳随机过程的 $p(x_1, x_2)$ 相对于任意一个时间推移也保持不变，这意味着，无论我们如何选择时间起点或进行时间平移，随机过程的这些统计特性都不会发生变化。对于平稳随机过程，其自相关函数在时间差 $\tau = t_2 - t_1$ 固定的情况下，不随时间的推移（即时间起点 t 的变化）而改变，这反映了随机过程在不同时间点的取值之间的线性相关性是稳定的，只与时间推移 $\tau = t_2 - t_1$ 有关，则：

$$E[x(t_1)] = E[x(t_1 + t)] \tag{5-27}$$

那么：

$$R(t_1, t_2) = E[x_1 x_2] = E[x(t) x(t + \tau)] = R(\tau) \tag{5-28}$$

自相关函数具有如下特性：

1）如果 $\tau = 0$，根据 $R(\tau)$ 可以得到 $x(t)$ 的均方值，即：

$$R(0) = E[x^2] \tag{5-29}$$

2）如果随机过程 $x(t)$ 的均值为零，并且非常不规律，那么它的自相关函数 $R(\tau)$ 的值将很小。

3）如果 $x(t) \cong x(t+\tau)$，那么自相关函数 $R(\tau)$ 的值将为常量。

4）如果 $x(t)$ 是平稳的，那么它的均值和标准差将与时间 t 无关，即：

$$E[x(t)] = E[x(t+\tau)] = \mu \tag{5-30}$$

式中 μ——总体标准值。

$$\sigma_{x(t)} = \sigma_{x(t+\tau)} = \sigma \tag{5-31}$$

而 $x(t)$ 和 $x(t+\tau)$ 的相关系数为

$$\rho = \frac{E[\{x(t)-\mu\}\{x(t+\tau)-\mu\}]}{\sigma^2}$$

$$= \frac{E[x(t)x(t+\tau)] - \mu E[x(t+\tau)] - \mu E[x(t)+\mu^2]}{\sigma^2} \tag{5-32}$$

$$= \frac{R(\tau)-\mu^2}{\sigma^2}$$

也就是：

$$R(\tau) = \rho\sigma^2 + \mu^2 \tag{5-33}$$

由于 $|\rho| \le 1$，由式（5-33）可知

$$-\sigma^2 + \mu^2 \le R(\tau) \le \sigma^2 + \mu^2 \tag{5-34}$$

式（5-34）表明，自相关函数不会比均方值 $E[x^2] = \sigma^2 + \mu^2$ 大。

5）既然 $R(\tau)$ 只依赖于时间间隔 τ 而与绝对时间 t 无关，所以对一个平稳随机过程必然有

$$R(\tau) = E[x(t)x(t+\tau)] = E[x(t)x(t-\tau)] = R(-\tau) \tag{5-35}$$

即 $R(\tau)$ 是 τ 的偶函数。

6）当 τ 很大（$\tau \to \infty$）时，$x(t)$ 和 $x(t+\tau)$ 将不存在相关关系，所以相关系数 ρ 趋于零。

由式（5-35）可知：

$$R(\tau \to \infty) \to \mu^2 \tag{5-36}$$

各态历经过程是一个平稳的随机过程。根据上述分析，通过单个的样本函数可以得到它的统计特性，并用于总体。如果 $x^{(i)}(t)$ 代表一个典型的样本函数，持续时间为 T，那么可以沿时间积分取其平均，这样的平均称为时间平均，将其记为 $\langle x(t) \rangle$，则：

$$E[x] = \langle x(t) \rangle = \lim_{T \to \infty} \frac{1}{T} \int_{-T/2}^{T/2} x^i(t) \, \mathrm{d}t \tag{5-37}$$

$x^{(i)}(t)$ 约定定义在 $t = -T/2$ 到 $t = T/2$ 的区间上，且 T 趋于无穷，类似有：

$$E[x^2] = \langle x^2(t) \rangle = \lim_{T \to \infty} \frac{1}{T} \int_{-T/2}^{T/2} x^i(t)^2 \, \mathrm{d}t \tag{5-38}$$

和

$$R(\tau) = \langle x(t)x(t+\tau) \rangle = \lim_{T \to \infty} \frac{1}{T} \int_{-T/2}^{T/2} x^i(t)x^i(t+\tau) \, \mathrm{d}t \tag{5-39}$$

5.2.8　功率谱密度

一个平稳随机过程的 $S(\omega)$ 定义为 $R(\tau)/2\pi$ 经过变换的形式，即

$$S(\omega) = \frac{1}{2\pi} \int_{-\infty}^{\infty} R(\tau) \mathrm{e}^{-\mathrm{i}\omega t} \mathrm{d}\tau \tag{5-40}$$

而

$$R(\tau) = \int_{-\infty}^{\infty} S(\omega) \mathrm{e}^{\mathrm{i}\omega t} \mathrm{d}\omega \tag{5-41}$$

式（5-40）和式（5-41）为维纳-欣钦（Wiener Khintchine）公式。通常

在对随机过程进行数据分析时，相对于自相关函数来说，功率谱密度函数的应用较为广泛。功率谱密度函数满足如下性质：

1）根据式（5-29）和式（5-41）可得

$$R(0) = E[x^2] = \int_{-\infty}^{\infty} S(\omega)\,\mathrm{d}\omega \tag{5-42}$$

$$\sigma_x^2 = R(0) = \int_{-\infty}^{\infty} S(\omega)\,\mathrm{d}\omega \tag{5-43}$$

如果 $x(t)$ 表示随机振动所发生的位移，那么 $R(0)$ 则为随机振动发生的平均能量。从式（5-42）可以看出，$S(\omega)$ 表示与振动频率 ω 相关的随机振动能量密度。故 $S(\omega)$ 表达的是随机振动系统的振动能量谱分布。

2）由于 $R(\tau)$ 是 τ 的实偶函数，故 $S(\omega)$ 应是 ω 的实偶函数，即 $S(\omega) = -S(\omega)$。

3）根据式（5-42），功率谱密度函数的单位是 x^2 的单位除以角频率。在式（5-43）的表达式中，不仅涵盖了随机振动的正频率，还包含了随机振动的负频率。在随机振动试验中，为方便考虑，通常会采用一种等价的单边谱函数 $W_x(f)$。

单边谱函数 $W_x(f)$ 是根据线性频率（单位时间内的循环次数）定义的，并且只考虑正频率。所以

$$E[x^2] = \int_{-\infty}^{\infty} S_x(\omega)\,\mathrm{d}\omega = \int_0^{\infty} W_x(f)\,\mathrm{d}f \tag{5-44}$$

为了使频带 $\mathrm{d}\omega$ 和 $\mathrm{d}f$ 对均方值的贡献一样，由此：

$$2S_x(\omega)\,\mathrm{d}\omega = W_x(f)\,\mathrm{d}f \tag{5-45}$$

由此：

$$W_x(f) = 2S_x(\omega)\frac{\mathrm{d}\omega}{\mathrm{d}f} = 2S_x(\omega)\frac{\mathrm{d}\omega}{\mathrm{d}\omega/2} = 4\pi S_x(\omega) \tag{5-46}$$

5.3　平稳随机激励下单自由度系统的响应

5.3.1　单自由度系统的响应

图 5-1 所示的系统的运动微分方程为

$$\ddot{y} + 2\zeta\omega_n\dot{y} + \omega_n^2 y = x(t) \tag{5-47}$$

其中：

$$x(t) = \frac{F(t)}{m}, \ \omega_n = \sqrt{\frac{k}{m}}, \ \zeta = \frac{c}{c_c}, \ c_c = 2km$$

式（5-45）的解可以通过脉冲响应函数法或频响函数法得到。

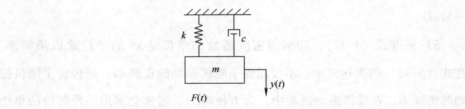

图 5-1　单自由度振动系统

5.3.2　响应函数的特点

单位脉冲响应函数的特点可以总结如下：

1）既然当 $t < \tau$ 时，$h(t-\tau) = 0$（即在脉冲作用前响应为零），利用叠加法对应于激励的响应为

$$y(t) = \int_{-\infty}^{\infty} x(\tau)h(t-\tau)\mathrm{d}\tau \tag{5-48}$$

2）用 $\theta = t - \tau$ 代替 τ，式（5-48）可以改写成：

$$y(t) = \int_{-\infty}^{\infty} x(t-\theta)h(\theta)\mathrm{d}\theta \tag{5-49}$$

3）只要系统的单位脉冲响应函数 $h(t)$ 是已知的，根据式（5-48）或式（5-49）就可以求系统对任意激励 $x(t)$ 的响应。

5.3.3　脉冲响应

前面已经介绍了对于任意已知的激励 $x(t)$，响应和激励存在关系。在激励是平稳随机过程的条件下，响应也是平稳的随机过程。脉冲响应函数法和频响函数法可以用来表达响应与激励的关系，即：

$$y(t) = \int_{-\infty}^{\infty} x(t-\theta)h(\theta)\,\mathrm{d}\theta \tag{5-50}$$

对总体平均，将式（5-50）改写为

$$E[y(t)] = E\left[\int_{-\infty}^{\infty} x(t-\theta)h(\theta)\,\mathrm{d}\theta\right] = \int_{-\infty}^{\infty} E[x(t-\theta)h(\theta)\,\mathrm{d}\theta] \tag{5-51}$$

由于约定激励为平稳随机过程，那么式（5-51）应为

$$E[y(t)] = E[x(t)]\int_{-\infty}^{\infty} h(\theta)\,\mathrm{d}\theta \tag{5-52}$$

式（5-52）中的积分可以通过傅里叶变换，令 $\omega = 0$ 得到：

$$H(0) = \int_{-\infty}^{\infty} h(t)\,\mathrm{d}t \tag{5-53}$$

由此定义：

$$y(t)y(t+\tau) = \int_{-\infty}^{\infty} x(t-\theta_1)h(\theta_1)\,\mathrm{d}\theta_1 \int_{-\infty}^{\infty} x(t+\tau-\theta_2)h(\theta_2)\,\mathrm{d}\theta_2 \tag{5-54}$$

$$= \int_{-\infty}^{\infty}\int_{-\infty}^{\infty} x(t-\theta_1)x(t+\tau-\theta_2)h(\theta_1)h(\theta_2)\,\mathrm{d}\theta_1\mathrm{d}\theta_2$$

为避免混淆，式中用 θ_1 和 θ_2 代替 θ，由此响应函数 $y(t)$ 的自相关函数为

$$R_y(\tau) = E[y(t)y(t+\tau)]$$

$$= \int_{-\infty}^{\infty}\int_{-\infty}^{\infty} E[x(t-\theta_1)x(t+\tau-\theta_2)]h(\theta_1)h(\theta_2)\mathrm{d}\theta_1\mathrm{d}\theta_2$$

$$= \int_{-\infty}^{\infty}\int_{-\infty}^{\infty} R_x(\tau+\theta_1-\theta_2)h(\theta_1)h(\theta_2)\mathrm{d}\theta_1\mathrm{d}\theta_2 \tag{5-55}$$

5.3.4 频响函数

根据定义式（5-40），表达式为

$$S_y(\omega) = \frac{1}{2\pi}\int_{-\infty}^{\infty} R_y(\tau)\mathrm{e}^{-\mathrm{i}\omega t}\mathrm{d}\tau \tag{5-56}$$

将式（5-55）代入到式（5-56）得：

$$S_y(\omega) = \frac{1}{2\pi}\int_{-\infty}^{\infty}\mathrm{e}^{-\mathrm{i}\omega t}\mathrm{d}\tau\int_{-\infty}^{\infty}\int_{-\infty}^{\infty} R_x(\tau+\theta_1-\theta_2)h(\theta_1)h(\theta_2)\mathrm{d}\theta_1\mathrm{d}\theta_2$$

$$\tag{5-57}$$

利用下列关系：

$$\mathrm{e}^{\mathrm{i}\omega\theta_1}\mathrm{e}^{-\mathrm{i}\omega\theta_2}\mathrm{e}^{-\mathrm{i}\omega(\theta_1-\theta_2)} = 1 \tag{5-58}$$

由式（5-55）可知，

$$S_y(\omega) = \int_{-\infty}^{\infty} h(\theta_1)\mathrm{e}^{\mathrm{i}\omega\theta_1}\mathrm{d}\theta_1\int_{-\infty}^{\infty} h(\theta_2)\mathrm{e}^{-\mathrm{i}\omega\theta_2}\mathrm{d}\theta_2\frac{1}{2\pi}\cdot$$

$$\int_{-\infty}^{\infty} R_x(\tau+\theta_1-\theta_2)\mathrm{e}^{-\mathrm{i}\omega(\theta_1-\theta_2)}\mathrm{d}\tau \tag{5-59}$$

引入下列新的积分变量，

$$\eta = \tau+\theta_1-\theta_2 \tag{5-60}$$

可得：

$$\frac{1}{2\pi}\int_{-\infty}^{\infty} R_x(\tau+\theta_1-\theta_2)\mathrm{e}^{-\mathrm{i}\omega(\tau+\theta_1-\theta_2)}\mathrm{d}\tau = \frac{1}{2\pi}\int_{-\infty}^{\infty} R_x(\eta)\mathrm{e}^{-\mathrm{i}\omega\eta}\mathrm{d}\eta \equiv S_x(\omega)$$

$$\tag{5-61}$$

由此，

$$S_y(\omega) = |H(\omega)|^2 S_x(\omega) \tag{5-62}$$

式（5-62）可得出响应功率谱密度与激励功率谱密度间的关系。

均方响应为

$$E[y^2] = R_y(0) = \int_{-\infty}^{\infty} \int_{-\infty}^{\infty} R_x(\theta_1 - \theta_2) h(\theta_1) h(\theta_2) \mathrm{d}\theta_1 \mathrm{d}\theta_2 \tag{5-63}$$

$$E[y^2] = \int_{-\infty}^{\infty} S_y(\omega) \mathrm{d}\omega = \int_{-\infty}^{\infty} |H(\omega)|^2 S_x(\omega) \mathrm{d}\omega \tag{5-64}$$

5.4　随机激励下磁性液体阻尼减振器的响应

系统的减振方法可以从动态系统的视角来辨识。通常情况下，一套振动规范会给出简单的阈值或频谱，其目标是设计或者控制系统以满足这些要求或规范[180,181]。对于用于小振幅、低频率的精密仪器的磁性液体阻尼减振器在随机激励作用的响应，通过分析其频响函数、响应的功率谱密度及响应的均方值来规范阻尼减振器的工作性能[182]。

假设磁性液体阻尼减振器受到一个随机载荷的作用，其谱密度是一个白噪声 $S_x(\omega) = S_0$，磁性液体阻尼减振系统属于单自由度振动系统，为求复数形式的频响函数 $H(\omega)$，将输入和相应的响应都写成复指数函数的形式，即 $x(t) = \mathrm{e}^{\mathrm{i}\omega t}$，$y(t) = H(\omega)\mathrm{e}^{\mathrm{i}\omega t}$，并代入如下的运动微分方程：

$$m\ddot{y} + c\dot{y} + ky = x(t) \tag{5-65}$$

可得：

$$(-m\omega^2 + \mathrm{i}c\omega + k)H(\omega)\mathrm{e}^{\mathrm{i}\omega t} = \mathrm{e}^{\mathrm{i}\omega t} \tag{5-66}$$

故：

$$H(\omega) = \frac{1}{-m\omega^2 + \mathrm{i}c\omega + k} \tag{5-67}$$

输出的功率谱密度函数为

$$S_y(\omega) = |H(\omega)|^2 S_x(\omega) = S_0 \left| \frac{1}{-m\omega^2 + ic\omega + k} \right|^2 \tag{5-68}$$

输出的均方值为

$$E[y^2] = \int_{-\infty}^{\infty} S_y(\omega) \, \mathrm{d}\omega = S_0 \int_{-\infty}^{\infty} \left| \frac{1}{-m\omega^2 + k + ic\omega} \right|^2 \mathrm{d}\omega = \frac{\pi S_0}{kc}$$

$$\tag{5-69}$$

利用 Matlab 软件，可以画出谱密度为 S_0 的白噪声的自相关函数，如图 5-2 所示。

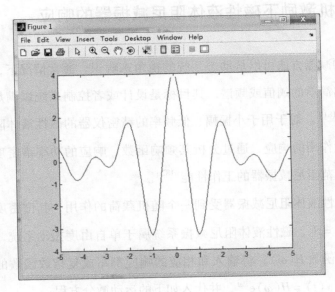

图 5-2　自相关函数

　　振动设计与控制程序的主要目的是确保在正常工作条件下，将感兴趣的系统参数控制在振动水平规定的阈值。

5.5　BP 神经网络在磁性液体阻尼减振中的应用

　　磁性液体阻尼减振在减振过程中，是由永久磁铁耗能质量块浸入在盛有磁性液体的壳体管道中做往复运动的阻尼力来衰减振动能量。对于高频振源，磁性液体所产生的阻尼效应相比用于低频振源减振的效果来说并不是很理想。这是因为减振器的流动通道太长，如果磁性液体长时间在通道中流动，会产生沿程损耗，导致耗能质量块的阻尼频率降低。耗能质量块浸没在磁性液体中做往复运动时，产生大量的热量会使减振器内部的温度急剧升高。而磁性液体的黏滞效应会随着温度持续不断地升高，从而对减振性能产生明显的影响。由于各种影响因素的存在，使减振器中永久磁铁耗能质量块的衰减能力也逐渐减弱。而在实际工程应用中，很难精确测量阻尼性能的影响因素，也难以精确地计算磁性流体阻尼器的阻尼力，并且难以准确地评估和精确地控制阻尼性能。为了突破这项难题，先通过试验采集各种振动参数，基于大量试验采集的参数输入从而建立模型训练，形成能够反映磁性液体阻尼器阻尼性能的 BP 神经网络，并通过 BP 神经网络对其阻尼性能进行分析。接下来再通过 BP 神经网络的数据逆运算，精确计算出控制系统的各项参数。这种方法可以基于大量的试验数据在数据库中建立振动拟合函数，并获得准确的反馈数据，同时可以节省大量的时间。

5.5.1　BP 神经网络试验装置

减振器 BP 神经网络试验装置如图 5-3 所示，主要由底座、悬臂梁、磁性液体减振器、传感器、计算机和数据采集系统等组成。悬臂梁选用不导磁的黄铜板，将减振器刚性连接在黄铜板的自由端末端，同时将加速度传感器刚性连接到黄铜板的自由端。在系统中给定振动激励使悬臂梁在振动激励下做正弦运动，减振器对正弦振动进行振动能量衰减，并将衰减过程中的黄铜板末端的加速度数据通过传感器输出给数据采集系统。

5.5.2　BP 神经网络的建立

神经网络的基本元素为神经元，这是以仅存在于生物界中的神经系统为

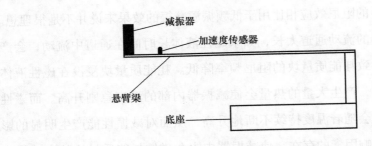

图 5-3　减振器 BP 神经网络试验装置

模型基础建立的生物数学模型。人工神经网络是为了模拟生物大脑的神经机理从而实现某些特殊的功能。这是对生物神经系统的一种形式上的模拟。Matlab 里自带了许多典型的神经网络激活函数。根据工程应用的实际情况，可以选用不同的激活函数，或者根据各种典型的修正网络权值规则，编写网格权值训练的子程序。人工神经元模型如图 5-4 所示。

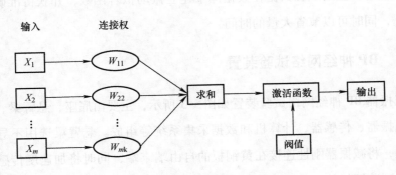

图 5-4　人工神经元模型

　　人工神经网络将大量的神经元通过拓扑结构组织起来并对这些神经元进行并行式数据处理。根据神经元与神经元之间的连接方式不同可分为分层神经网络和相互连接型神经网络，图 5-5～图 5-8 分别为简单向前型神经网络、反馈前向型神经网络、层内互联前向型神经网络和相互连接型神经网络。人工神经元模型通常由三项基本要素构成，也就是连接权、加法器和激活函数。随着现代科技日新月异地发展，仿真应用技术的不断革新，神经网络理论的应用已经得到逐步地推广。由于工程应用实际问题的复杂程度逐渐提升，神经网络已是控制工程信号处理等领域中不可或缺的一项重要工具。随着这项技术的发展和延伸，神经网络的训练模型和其算法也逐渐丰富了起来。

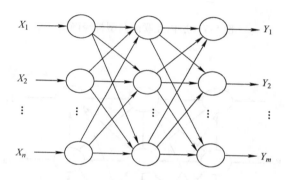

图 5-5　简单前向型神经网络

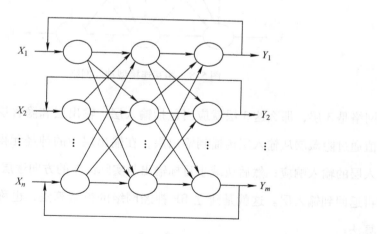

图 5-6　反馈前向型神经网络

BP 神经网络通常有 3 层或者 3 层以上的神经元。如果系统所建立的神经

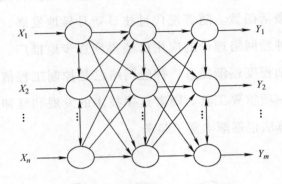

图 5-7　层内互联前向型神经网络

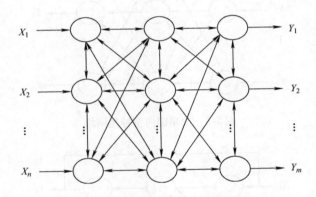

图 5-8　相互连接型神经网络

网络是 3 层，那么这 3 层就应当包括输入层、输出层和隐含层。神经元的权值通过隐藏层从输入层传播到输出层，在输出层中的神经元得到该网络中输入层的输入响应；然后按减小目标输出与实际误差的方向逐层校正连接权值，再返回到输入层。这就是建立 BP 神经网络的模型算法，也称为误差逆传播算法。

　　神经网络的学习方式分为有监督状态的学习和没有监督状态的学习。有监督状态的学习是指神经网络的输出会与期望的输出相比较，神经网络根据误差信号调整权值。经过反复训练后，权值稳定于一个定值。没有监督状态的学习是没有期望样本数据，也就是没有标准数据库，其权值调整完全依赖于权值演变方程。减振器的振动微分方程 $m\ddot{x} + c\dot{x} + kx = F_0 e^{i\omega t}$ 得出振动的稳态解可用复数表达为

$$x(t) = A\sin(\omega t - \varphi) = Ae^{-i(\omega t - \varphi)} \tag{5-70}$$

式中　A——初始幅值；

　　　φ——相位角。

　　而减振器传递到底座上的力为

$$f_t = cx + kx = \left[F_0 e^{i\varphi(\omega t - \varphi)} \right] / (k - m\omega^2 + ic\omega) \tag{5-71}$$

式中　F_0——初始力。

　　建立本文减振试验的 BP 型神经网络，首要地就是选定输入层、隐含层及输出层。在此减振试验中设定四个物理量：磁性液体饱和磁化强度、不同初始振幅、减振器壳体的端盖锥角及温度，将隐含层选定为单层。输出层是一个节点，也就是减振器传递到底座上的力。依据本文第 4 章的减振试验所建立的 BP 神经网络结构简图如图 5-9 所示。

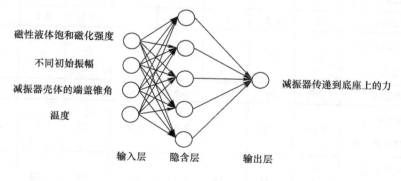

图 5-9　减振器的神经网络

通过前面对减振器的减振试验得出的 160 组试验数据作为输入层，在神经网络中建立训练模型进行监测训练。该网络的输出会与输入层的试验数据进行比对，会自行比对网络拟合数值与真实试验测量值之间的误差，并调整权值，结果反复训练，反复比对，最后权值会接近为一个定值。

5.5.3　误差分析

神经网络的建成，在网络内部相当于产生了一个近似函数来拟合输入层中的每一组试验数据。拟合函数计算的输出值越接近减振试验中的测量值，说明拟合函数越接近实际情况。由此，经过数据模型的反复训练后，需要对建立的减振试验网络分析误差。为验证权重值的取值误差，选取 8 组试验数据输入到网络中，从而得到 8 个输出量，并将网络得出的输出值与试验测量所得的结果进行比较，得出误差结果见表5-1。

表 5-1　减振器神经网络误差分析

误差分析	数据 1	数据 2	数据 3	数据 4	数据 5	数据 6	数据 7	数据 8
磁性液体饱和磁化强度/Gs	380.5	332.5	484.6	332.5	380.5	408.9	484.6	380.5
不同初始振幅/mm	2	0.5	1	1	2	0.5	0.5	1
减振器壳体的端盖锥角/(°)	6	9	9	6	6	12	6	12
温度/℃	26	26	26	26	26	26	26	26
给底座的力（网络计算）/N	3.98	1.28	2.28	2.65	4.02	1.25	1.26	2.47
给底座的力（实验数据）/N	4.17	1.33	2.19	2.71	3.89	1.19	1.32	2.36
误差（%）	4.6	3.8	3.9	2.2	3.3	5	4.5	4.7

由表 5-1 的数据显示，磁性液体减振试验所构建的神经网络数值计算得出的输出层与试验采集分析得出的减振器给底座的力在数值上的误差均未超过 5%。为将来减振器的结构设计和精确控制减振系统的参数设计提供了有力的理论依据。从 8 组试验数据可知，有的误差达 5%，而有的数据误差仅为 2.2%，这是由于神经网络的训练模型使用到最速下降法，能够快速将拟合函数与输入层试验数据比对，收敛速度快，但是误差较大。减振器 BP 神经网络的建立，给予了输入层与输出层直接的数据关系，为今后的减振试验和减振控制提供了有效的数据依据。

5.6 本章小结

本章通过分析减振器在平稳随机激励下的响应函数，得出阻尼减振器单自由度系统在谱密度为 S_0 的白噪声平稳随机激励下的自相关函数、功率谱密度函数及均方值，并利用 Matlab 函数表达了自相关函数的图像。通常情况下，一套振动规范会给出简单的阈值或频谱，振动设计与控制的目的是必须确保在正常工作条件下工作，关键的系统参数不会超过振动水平所规定的范围。通过分析随机振动作用下减振器的动态系统响应，给磁性液体阻尼减振控制系统的设计与振动限制规范提供了数据支撑。

通过建立磁性液体减振器的 BP 神经网络，将磁性液体磁化饱和强度、不同的初始振幅、减振器壳体的端盖锥角及温度对减振性能的影响构建了一定的函数关系。在一定的误差范围内，能通过神经网络分析计算输入层和输出层数据关系，也能够通过对输出层的逆运算得出输入层的数据。为减振性能的精确控制提供了有效的理论支撑。

参 考 文 献

[1] SINGIRESU S R. 机械振动 [M]. 李欣业, 杨理诚, 译. 5 版. 北京: 清华大学出版社, 2016.

[2] 闻邦椿, 刘树英, 陈照波, 等. 机械振动理论及应用 [M]. 北京: 高等教育出版社, 2009.

[3] 铁摩辛柯, 胡人礼. 工程中的振动问题 [M]. 北京: 人民铁道出版社, 1978.

[4] 庄表中. 随机振动入门 [M]. 北京: 科学出版社, 1981.

[5] 李国平, 韩同鹏, 魏燕定. 精密仪器模拟隔振平台主动控制系统的研究 [J]. 中国机械工程, 2011 (4): 462-467.

[6] 魏克湘, 孟光, 夏平, 等. 磁流变弹性体隔振器的设计与振动特性分析 [J]. 机械工程学报, 2011, 47 (11): 70-74.

[7] 朱俊涛. 磁流变弹性体对宽频激励平台隔减振研究 [D]. 南京: 东南大学, 2013.

[8] 张振华, 杨雷, 庞世伟. 高精度航天器微振动力学环境分析航天器环境工程 [J]. 航天器环境工程, 2009, 26 (6): 528-534.

[9] ROSENSWEIG R E. Fluid magnetic buoyancy [J]. AIAA Journal, 1966, 4 (10), 1751-1758.

[10] 王君锋. 精密主动隔振台控制系统设计与研究 [D]. 武汉: 华中科技大学, 2013.

[11] YANG W, WANG P, HAO R, et al. Experimental verification of radical magnetic levitation force on the cylindrical magnets in ferrofluid dampers [J]. Journal of Magnetism and

Magnetic Materials, 2017, 426: 334-339.

[12] 李国平. 面向精密仪器设备的主动隔振关键技术研究 [D]. 杭州: 浙江大学, 2010.

[13] CESMECI S, ENGIN T. Modeling and testing of a field-controllable magnetorheological fluid damper [J]. International Journal of Mechanical Science, 2010, 52 (8): 1036-1046.

[14] LITA M, POPA N C, VELESCU C, et al. Investigations of a magnetorheological fluid damper [J]. Magnetics IEEE Transactions on, 2004, 40 (2): 469-472.

[15] 雷洪. 伯努利方程推导分析 [J]. 中国冶金教育, 2021 (4): 48-51.

[16] 马宏睿. 微振动主动阻尼控制技术的研究 [D]. 南京: 南京工业大学, 2004.

[17] 李德才. 磁性液体理论及应用 [M]. 北京: 科学出版社, 2003.

[18] ROSENSWEIG R E. Ferrohydrodynamics [M]. Cambridge: Cambridge University Press, 1985.

[19] 池长青. 铁磁流体的物理学基础和应用 [M]. 北京: 北京航空航天大学出版社, 2011.

[20] PAPELL S S. Low viscosity magnetic fluid obtained by the colloidal suspension of magnetic particles: 3215572 [P]. 1965-11-02.

[21] ROSENSWEIG R E. The fascinating magnetic fluids [J]. New Scientist, 1966, 20: 146-148.

[22] RAJ K, MOSKOWITZ R. A review of damping applications of ferrofluid [J]. IEEE Transactions on Magnetics, 1980, 16 (2): 358-363.

[23] ROSENSWEIG R E. Magnetic fluids [J]. International Science and Technology, 1966

（7），48-56.

[24] 李德才. 磁性液体密封理论及应用［M］. 北京：科学出版社，2010.

[25] 池长青. 铁磁流体力学［M］. 北京：北京航空航天大学出版社，1993.

[26] KAISER R，MISKOLCZY G. Some applications of ferrofluid magnetic colloids［J］. IEEE Transactions on Magnetics，1970，6（3）：694-698.

[27] KAJIWARA K，HYAATU M，IMOAKA S，et al. Large scale active micro-vibration control system using piezoelectric actuators applied to semiconductor manufacturing equipment［J］. JSME，1997，63：3735-3742.

[28] ODENBACH S，THURM S. Magnetoviscous effects in ferrofluids［J］. Lecture Notes in Physics，2002，594：185-201.

[29] 赵伟. 航天器微振动环境分析与测量技术发展. 航天器环境工程［J］. 2006，23（4）：210-214.

[30] MATT B，PONDMAN K M，ASSHOFF S J. Soft magnets from the self-organization of magnetic nanoparticles in twisted liquid crystals［J］. Angewandte Chemie-International Edition，2014，53（46）：12446-12450.

[31] 董瑶海. 航天器微振动：理论与实践［M］. 北京：中国宇航出版社，2015.

[32] STRAIN S，NEUMEISTER J. Eddy Current damper simulation and modeling［J］. Proceedings of European Space Mechanisms & Tribology Symposium，2001，480：321-326.

[33] 张俊辉. 磁性液体的阻尼减振性能研究［D］. 北京：北京交通大学，2014.

[34] FLINT E M. Effectiveness and predictability of partical damping［J］. Proceedings of SPIE-The International Society for Optical Engineering，2012，3989：356-367.

［35］ ODENBACH S. Ferrofluids：Magnetically Controllable Liquids ［J］. Pamm，2002，1

（1）：28-32.

［36］张春良，梅德庆，陈子辰. 微制造平台混合隔振的动力研究 ［J］. 浙江大学学报

（工学版），2003，4（37）：465-470.

［37］CARLSON J D，CHRZAN M J. Magnetorheological fluid dampers：5277281 ［P］. 1994-01-25.

［38］ODENBACH S. Ferrofluids- magnetically controlled suspensions ［J］. Colloids and Surfaces

A（Physicochemical and Engineering Aspects），2003，217（1-3）：171-178.

［39］GENC S，DERIN B. Synthesis and rheology of ferrofluids：a review ［J］. Current Opinion

in Chemical Engineering，2014，3（3）：118-124.

［40］常建军. 磁性液体阻尼减振器的理论及实验研究 ［D］. 北京：北京交通大学，

2016：21-24.

［41］RAJ K，MOSKOWITZ R. Commercial application of ferrofluids ［J］. Journal of Magnetism

and Magnetis Materials，1990，85（1）：233-245.

［42］ANDO B，ASCLA A，BAGLIO S，et al. Magnetic fluids and their use in transducers ［J］.

IEEE Instrumentation and Measurement Magazine，2006，9（6）：44-47.

［43］ROSENSWEIG R E，KAISER R，MISKOLERG G. Viscosity of magnetic fluid in a mag-

netic field ［J］. Journal of Colliod and Interface Science，1969，129（4）：680-686.

［44］ZHOU G Y，SUN L Z. Smart colloidal dampers with on- demand controllable damping capa-

bility ［J］. Smart Materials and Structures，2008，17（5）：1-11.

［45］VOKOUN D，BELEGGIA M，HELLER L，et al. Magnetostatic interactions and forces

between cylindrical permanent magnets ［J］. Journal of Magnetism and Magnetic Materials，

2009, 321 (22): 3758-3763.

[46] SAIDI I, GAD E F, WILSON J L, et al. Development of passive viscoelastic damper to attenuate excessive floor vibrations [J]. Engineering Structures, 2011, 33 (12): 3317-3328.

[47] 贾九红, 章振华, 杜俭业, 等. 新型阻尼器的设计与试验研究 [J]. 振动与冲击, 2008, 27 (2): 69-71.

[48] FUKUSHIMA N, FUKUYAMA K. Nissan hydraulic active suspension [J]. Wallentowitz H. Ed. Fortschritte Der Fahrzeugtechnik Aktive Fahrerkstechnik, 1991, 10: 192-201.

[49] HEERTJES M, GRAAFF K, TOOM J G. Active vibration isolation of metrology frames: a modal decoupled control design [J]. Journal of Vibration and Acoustics, 2005, 127 (3): 223-233.

[50] IMADUDDIN F, MAZLAN S A, ZAMZURI H. A design and modelling review of rotary magnetorheological damper [J]. Materials and Design, 2013, 51: 575-591.

[51] POPPLEWELL J, CHARLES S W. Ferromagnetic liquids- their magnetic properties and applications [J]. IEEE Transactions on Magnetics, 1981, 17 (6): 2923-2928.

[52] 毛林章. 基于磁流变技术的登月缓冲装置研究 [D]. 重庆: 重庆大学. 2007.

[53] 张峰. 锌铁氧体纳米粉体及磁性液体的制备和应用研究 [D]. 合肥: 合肥工业大学, 2005.

[54] 顾荣荣, 童忠钫. 挠性结构主动减振中传感器和激振器的优化布置 [J]. 振动与冲击, 1995, 14 (3): 12-17.

[55] 廖飞红, 李小平, 陈学东, 等. 精密主动减振器技术研究现状与进展[J]. 机械科学

与技术，2012，31（9）：1412-1418.

［56］李小平，廖飞红，陈学东，等．主动减振器结构参数优化设计［J］．振动工程学报，
2013，26（1）：62-67.

［57］MIRTAHERI M, ZANDI A P, SAMADI S S, et al. Numerical and experimental study of
hysteretic behavior of cylindrical friction dampers［J］. Engineering Structures, 2011, 33：
3647-3649.

［58］贾九红，华宏星．新型阻尼器的力学建模与试验［J］．机械工程学报，2008，44
（8）：253-256.

［59］周云，徐赵东，邓雪松．粘弹性阻尼器的性能试验研究［J］．振动与冲击，2001，
20（3）：71-77.

［60］PARK S W. Analytical modeling of viscoelastic dampers for structural and vibration control
［J］. International Journal of Solids and Structures, 2001, 38：8065-8067.

［61］王加春，董申，李旦．超精密机床的主动隔振系统研究［J］．振动与冲击，2000，
19（3）：54-56.

［62］吕建强，李德才，白博海，等．磁性液体的研究现状及典型应用［J］．中国材料科
技与设备，2007（1）：44-47.

［63］RESTIVO M T, ALMEIDA F G, FREITAS D. Measuring relative acceleration：a relative
angular acceleration prototype transducer［J］. Measurement Science and Technology,
2012, 24：1-8.

［64］袁国平，史小平，李隆．航天器姿态机动的自适应鲁棒控制及主动振动抑制［J］．
振动与冲击，2013，32（12）：110-115.

[65] KERWIN E M. Damping of flexural waves by a constrained viscoelastic layer [J]. Journal of the Acoustical Society of America, 1959, 31 (7): 952-962.

[66] LEU L J, CHANG J T. Optimal allocation of non-Linear viscous dampers for three-dimensional building structures [J]. Procedia Engineering, 2011, 14: 2489-2499.

[67] 王庆雷, 李德才. 磁性液体阻尼减振器的实验研究 [J]. 北京交通大学学报, 2012, 36 (1): 135-139.

[68] BHARTI S D, DUMNE S M, SHRIMALI M K. Seismic response analysis of adjacent buildings connected with MR dampers [J]. Engineering Structures, 2010, 32: 2122-2124.

[69] 杨文明, 李德才, 冯振华. 磁性液体阻尼减振器动力学建模及实验 [J]. 振动工程学报, 2012, 25 (3): 253-258.

[70] 杨文荣, 杨庆新, 孙景峰, 等. 磁流体加速度传感器的研究与设计 [J]. 仪表技术与传感器, 2006 (8): 3-5.

[71] 沈聪. 磁性液体在磁性表面织构作用下的润滑特性研究 [D]. 南京: 南京航空航天大学, 2010.

[72] 李静, 庞岩, 冯咬齐, 等. 柔性航天器姿控执行机构微振动集中隔离与分散隔离对比研究 [J]. 航天器环境工程, 2016, 33 (1): 58-64.

[73] 刘敏, 徐化杰, 韩潮. 挠性航天器姿态机动直接自适应主动振动控制 [J]. 北京航空航天大学学报, 2013, 39 (3): 285-289.

[74] 朱李晰. 基于磁流变技术的隔振缓冲控制研究 [D]. 重庆: 重庆大学, 2009.

[75] 杨文荣, 杨庆新, 樊长在, 等. 磁流体加速度传感器的特征参量分析 [J]. 仪器仪表

报，2006（10）：1228-1231.

［76］任怀宇. 粘弹阻尼减振在导弹隔离冲击结构中的应用［J］. 宇航学报，2007，28
（6）：1494-1499.

［77］汪建晓，王世旺，孟光. 挤压式磁流变弹性体阻尼器-转子系统的振动特性试验
［J］. 航空学报，2008，29（1）：91-94.

［78］BERKOVSKY B M, MEDVEDEV V F, KROKOV M S. Magnetic fluids：engineering ap-
plications［M］. Oxford：Oxford University Press，1993.

［79］李强. 一种新型磁性液体加速度传感器的设计及实验研究［D］. 北京：北京交通大
学，2011.

［80］IVANOV A S, PSHENICHNIKOV A F. Vortex flows induced by drop-like aggregate drift in
magnetic fluids［J］. Physics of Fluids，2014，26（1）：299-301.

［81］LIU P S, LIANG K M. Functional materials of porousmetals made by P/M, electroplating
and some other techniques［J］. Journal of Materials Science，2001，21：5059-5072.

［82］FANNIN P C, MALAESCU I, MARIN C N. Determination of the landau-lifshitz damping
parameter of composite magnetic fluids［J］. Physica B，2007，388（1/2）：93-98.

［83］KVITANTSEV A S, NALETOVA V A, TURKOV V A. Levitation of magnets and paramag-
netic bodies in vessles filled with magnetic fluid［J］. Dynamics，2002，3（27）：
361-368.

［84］丁文镜. 减震理论［M］. 北京：清华大学出版社，1988.

［85］POTNURU M R, WANG X, MANTRIPRAGADA S, et al. A compressible magneto-rheo-
logical fluid damper-liquid spring system［J］. International Journal of Vehicle Design，

2013, 63 (2): 256-274.

[86] NALETOVA V A, KVITANTSEV A S, TURKOV V A. Movement of a magnet and a paramagnetic body inside avessel with a magnetic fluid [J]. Journal of Magnetism and Magnetic Materials, 2003 (258-259): 439-442.

[87] KRAKOV M S. Influence of rheological properties of magnetic fluid on damping ability of magnetic fluid shock-absorber [J]. Journal of Magnetism and Magnetic Materials, 1999 (201): 368-371.

[88] ROSENSWEIG R E. Buoyancy and stable levitation of a magnetic body immersed in a magnetizable fluid [J]. Nature, 1966, 50 (36): 613-614.

[89] 张克通, 王化明. 圆柱永磁体磁场及磁力分析 [J]. 机械制造与自动化, 2010, 39 (3): 161-164.

[90] 石秀东. 磁流变减振系统关键技术研究 [D]. 南京: 南京理工大学, 2006.

[91] 周颖, 李锐, 吕西林. 粘弹性阻尼器性能实验研究及参数识别 [J]. 结构工程师, 2013, 29 (1): 84-91.

[92] HYUNHOON C, JINKOO K. New installation scheme for viscoelastic dampers using cables [J]. NRC Research Press, 2010, 37: 1201-1211.

[93] RAJ K, MOSKOWITZ B, CASCIARI R. Advances in ferrofluid technology [J]. Journal of Magnetism and Magnetic Materials, 1995, 149 (1): 174-180.

[94] TRUONG D Q, AHN K K. Nonlinear black-box models and force-sensorless damping control for damping systems using Magneto-rheological fluid dampers [J]. Sensors and Actuators A, 2011, 167: 556-573.

[95] RAJ K, BOULTON R J. Ferrofluids: properties and applications [J]. Materials and Design, 1987, 4 (8): 233-237.

[96] SUNAKODA K, MORISHITA S, TAKAHASHI S, et al. Development and testing of hybrid magnetic responsive fluid for vibration damper [J]. American Society of Mechanical Engineers, Pressure Vessels and Piping Division, 2010, 8: 243-248.

[97] BELTRACCHI L, LITTLE R. Viscous damper using magnetic ferrofluid: 3538469 [P]. 1970-11-3.

[98] MOSKOWITZ R, STAHL P, REED W R. Inertia damper using ferrofluid: 4123675 [P]. 1978-10-31.

[99] KOGURE T. Damper device for a motor: 5081882 [P]. 1992-01-21.

[100] El OUNI M H, ABDEDDAOM M, ELIAS S, et al. Review of vibration control strategies of high-rise buildings [J]. Sensors, 2022, 22 (21): 8581.

[101] OHNO K, SHIMODA K, SAWADA T. Optimal design of a tuned liquid damper using a magnetic fluid with one electromagnet [J]. Journal of Physics, 2008, 20: 1-5.

[102] IVANOV A O, ZUBAREV A. Chain formation and phase separation in ferrofluids: the influence on viscous properties [J]. Materials (Basel), 2020, 13 (18): 39-56.

[103] OHNO K I, SUZUKI H, SAWADA T. Analysis of liquid sloshing of a tuned magnetic fluid damper for single and co-axial cylindrical containers [J]. Journal of Magnetism and Magnetic Materials, 2011, 323 (10): 1389-1393.

[104] EZEKIEL F D. Uses of magnetic fluids in bearing, lubrication and damping [R]. New York: ASME Design Engineering Conference, 1975.

［105］FUJITA T, JEYADEVAN B, YAMAGUCHI K, et al. Preparation, viscosity and damping of functional fluids that respond to both magnetic and electric fields ［J］. Powder Technology, 1999, 101: 279-287.

［106］LIU J. Analysis of porous elastic sheet damper with a magnetic fluid ［J］. Journal of Tribology, 2009, 131: 1-5.

［107］SHIMADA K, KAMIYAMA S. A basic study on oscillatory characteristics of magnetic fluid viscous damper ［J］. Transactions of the Japan Society of Mechanical Engineers, part B, 1991, 57 （544）: 4111-4115.

［108］BASHTOVOI V G. Modelling of magnetic fluid support ［J］. Journal of Magnetism and Magnetic Materials, 2002, 252: 315-317.

［109］BASHTOVOI V, LAVROVA O. Flow and energy dissipation in a magnetic fluid drop around apermanent magnet ［J］. Journal of Magnetism and Magnetic Materials, 2005 （289）: 207-210.

［110］WANG Z, BOSSIS G, VOLKOVA O, et al. Active control of rod vibrations using magnetic fluids ［J］. Journal of Intelligent Material System and Structures, 2003, 14 （2）: 93-97.

［111］郑帅峰, 廖昌荣, 孙凌逸, 等. 旁通小孔与环形通道并联型轿车磁流变液减振器 ［J］. 振动与冲击, 2016, 35 （18）: 117-122.

［112］廖昌荣, 余淼, 张红辉, 等. 汽车磁流变液减振器阻尼力计算方法 ［J］. 中国公路学报, 2006, 19 （1）: 113-116.

［113］王晓杰, 唐新鲁, 张平, 等. 理想电流变阀的流体动力学响应 ［J］. 中国科学技术

大学学报，1998，28（4）：394-402.

[114] 周刚毅，金昀，向勇，等. 磁场作用下磁流变液结构演化的实验研究 [J]. 实验力学，2000，15（2）：233-239.

[115] 廖英英，刘永强，刘金喜. 磁流变阻尼器的神经网络建模及在半主动控制中的应用 [J]. 北京交通大学学报，2011，35（6）：67-71.

[116] 刘桂雄，徐晨，张沛强，等. 永磁体在磁流体中的磁力学建模及自悬浮位置的可控性 [J]. 物理学报，2009，58（3）：2005-2010.

[117] 徐晨，刘桂雄，张沛强. 基于磁场模型的磁流体中永磁体位置检测方法研究 [J]. 中国科技论文在线，2009，4（2）：152-155.

[118] 杨文明，李德才，冯振华. 磁性液体阻尼减振器实验研究 [J]. 振动与冲击，2012，31（9）：145-148.

[119] 秦佳峰. 磁性液体减振技术的实验研究 [D]. 天津：河北工业大学，2013.

[120] ABOSHI M，TSUNEMOTO M. Vibration suppression in catenary poles using viscoelastic dampers [J]. Power Supply Technology Division，2010，51（4）：169-175.

[121] 杨军. 铅挤压阻尼器的研制及结构消能减震相关问题的研究 [D]. 武汉：华中科技大学，2005.

[122] 冼巧玲，周福霖. 复合型摩擦消能支撑的滞回模型 [J]. 华南建设学院西院学报，2000，8（1）：5-10.

[123] 周云，周福霖，邓雪松. 铅阻尼器的研究和应用 [J]. 世界地震工程，1999，15（1）：53-61.

[124] 王瑞金. 磁流体技术的应用与发展 [J]. 新技术新工艺，2001（10）：15-17.

[125] 周劭翀，刘靖华，陈健，等．粘弹性阻尼减振元件的动力学建模及工程应用 [J]．宇航学报，2009，30（4）：1347-1350．

[126] 秦春云．基于磁流变弹性体（MRE）的半主动纵振吸振器研究 [D]．上海：上海交通大学，2013．

[127] 闫维明，王瑾，许维炳．基于单自由度结构的颗粒阻尼减振机理试验研究 [J]．土木工程学报，2014（47）：76-82．

[128] 闫维明，石鲁宁，何浩祥，等．完全弹性支承变截面梁动力特性半解析解 [J]．振动与冲击，34（14）：76-84．

[129] 周云，周福霖．耗能减震体系的能量设计方法 [J]．世界地震工程，1997，13（4）：7-13．

[130] 周丽绘，朱传征．磁流体技术及其应用 [J]．化学教育，1998，19（10）：5-7．

[131] PEETERS E. Magnetic Actuator Using Ferrofluid Slug：7204581 [P]．2007-03-17．

[132] 顾梦霞，姜向宏，李群．人工智能技术的振动光谱成分分析 [J]．激光杂志，2022，43（2）：158-162．

[133] NAM Y J, JEON S H, PARK M K. Magnetic fluid actuator based on passive levitation phenomenon [J]. Journal of Intelligent Material Systems & Structures, 2011, 22（3）：283-290．

[134] LEE J H, NAM Y J, YAMANE R, et al. Position feedback control of a nonmagnetic body levitated in magnetic fluid [J]. Journal of Physics Conference, 2009（1）：1-5．

[135] 吴天行，华宏星．机械振动 [M]．北京：清华大学出版社，2014．

[136] ROSENSWEIG R E. Material separation using ferromagnetic liquid techniques：3483969

［P］. 1969-12-16.

［137］KAISER R, MIR L, CURTIS R A. Classification by ferrofluid density separation：3951785［P］. 1976-03-20.

［138］炊海春，李德才，兰慧清，等. 磁性液体制备技术的发展［J］. 机械工程师，2003（6）：7-9.

［139］刘雪莉，杨庆新，杨文荣，等. 磁性液体磁粘特性的研究［J］. 功能材料，2013，24（44）：3554-3557.

［140］LEBEDEV A V. Temperature dependence of magnetic moments of nanoparticles and their dipole interaction in magnetic fluids［J］. Journal of Magnetism and Magnetic Materials，2014，2015（374）：120-124.

［141］陈琳. 磁流变弹性体的研制及其力学行为的表征［D］. 合肥：中国科技大学，2009.

［142］刘同冈，刘进书，杨志伊. 磁流体在磁场中的黏度测试研究［J］. 润滑与密封，2006，9（181）：77-79.

［143］杨志伊，王坤东. 磁场中磁流体粘度测试系统的实现［J］. 机械工程材料，2003，27（5）：22-25.

［144］李强，宣益民，王建. 磁流体粘度的实验研究［J］. 工程热物理学报，2005，26（5）：859-861.

［145］赵猛，邹继斌，胡建辉. 磁场作用下磁流体黏度特性的研究［J］. 机械工程材料，2006，30（8）：64-66.

［146］MASUDA H, OYAMADA T, SAWADA T. Experimental study on damping characteristics of the tuned liquid column damper with magnetic fluid [J]. Journal of Physics, 2013, 412: 1-9.

[147] PISO M I. Magnetofluidic inertial sensors [J]. Romanian reports in physics, 1995, 47: 437-454.

[148] 王巍. 新型惯性技术发展及在宇航领域的应用 [J]. 红外与激光工程, 2016, 4 (3): 1-6.

[149] 王亚峰, 宋晓辉. 新型传感器技术及应用 [M]. 北京: 中国计量出版社, 2009.

[150] 盛朝霞, 陈耀飞, 韩群. 基于磁流体和无芯光纤的磁场传感器 [J]. 光电子激光, 2014, 25 (6): 1044-1048.

[151] BERKOVSKY B M, MEDVEDEV V F, KRAKOV M. Magnetic fluids: engineering applications [J]. Materials Research Bulletin, 1994, 29 (12): 1352-1353.

[152] NAKATSUKA K, YOKOYAMA H, SHIMOIIZAKA J, et al. Damper application of magnetic fluid for a vibration isolating table [J]. Journal of Magnetism and Magnetic Materials, 1987, 65 (2-3): 359-362.

[153] 韦勇强, 赖琼钰. 磁性液体的合成及生物医学应用 [J]. 化学研究与应用, 2003, 15 (3): 307-310.

[154] 李强, 袁作彬, 杨永明, 等. 磁性液体靶向药物的磁场-流场耦合数值模拟研究 [J]. 湖北民族学院学报 (自然科学版), 2014, 32 (3): 305-310.

[155] FORTE J A. Nonmagnetic particle separation using ferrofluids controlled by magnetic fields [D]. Boston: Northeastern University, 2009: 9-28.

[156] OLARU R, PETRESCU C, HERTANU R. Magnetic actuator with ferrofluid and non-

magnetic disc [J]. International Journal of Applied Electromagnetics & Mechanics, 2010, 32 (4): 267-274.

[157] OLARU R, PETRESCU C, HERTANU R. A novel double-action actuator based on ferrofluid and permanent magnets [J]. Journal of Intelligent Materials Systems & Structures, 2012, 23 (14): 1623-1630.

[158] CALARASU D, COTAE C, OLARU R. Magnetic fluid brake [J]. Journal of Magnetism and Magnetic Materials, 1999, 201 (s1-3): 401-403.

[159] MILLER D L. Magnetic viscous damper: 4200003 [P]. 1980-03-29.

[160] NEURINGER J L, ROSENSWEIG R E. Ferrohydrodynamics [J]. Physics of Fluids, 1964, 7: 1927.

[161] 姜华伟. 基于磁性液体二阶浮力原理的阻尼减振器理论及实验研究[D]. 北京: 北京交通大学, 2018.

[162] 李春睿. 基于磁性液体被动减振技术的受力分析与实验研究 [D]. 天津: 河北工业大学, 2013.

[163] 王强. 基于磁性液体减振技术的研究 [D]. 天津: 河北工业大学, 2012.

[164] 王文萍. 淹没于磁流体内的永磁体悬浮高度试验分析 [J]. 数字技术与应用, 2010 (7): 163.

[165] 郭铁梁, 李海宝. 磁流体静力选矿中非磁性矿粒的磁浮力分析 [J]. 金属矿山, 2009, 39 (4): 35-39.

[166] NGUYEN QUOC-HUNG, CHOI SEUNG-BOK. Dynamic modeling of an electrorheological damper considering the unsteady behavior of electrorheological fluid flow [J]. Smart Materi-

als and Structures, 2009, 18: 1-8.

[167] 朱姗姗, 李德才, 崔红超. 磁性液体阻尼减振器的实验研究 [J]. 振动与冲击,
2016, 35 (19): 189-193.

[168] OLDENBUGR C M, BORGLIN S E, MORIDIS G J. Numerical simulation of ferrofluid
flow for subsurface environmental engineering applications [J]. Transport in Porous Media,
2000 (38): 319-344.

[169] STARIN S, NEUMEISTER J. Eddy current damper simulation and modeling [J]. Proceed-
ings of European Space Mechanisms & Tribology Symposium, 2001, 480: 321-326.

[170] YAO J, CHANG J, LI D, et al, The dynamics analysis of a ferrofluid shock absorber
[J]. Journal of Magnetism and Magnetic Materials, 2016, 402: 28-33.

[171] 孙广俊, 李爱群. 粘滞减震结构随机地震反应分析 [C] // 第六届全国土木工程研
究生学术论坛. 北京: 清华大学, 2008: 126.

[172] 李舜酩, 郭海东. 振动信号处理方法综述 [J]. 仪器仪表学报, 2013, 34 (8):
1907-1915.

[173] YANG W, WEID, SU J, et al. Numerical simulation analysis and experimental research
on damping performance of a novel magnetic fluid damper [J]. Advances in Materials Sci-
ence and Engineering, 2021 (3): 1-10.

[174] 严普强, 乔陶鹏. 工程中的低频振动测量与其传感器 [J]. 振动测试与诊断,
2002, 22 (4): 247-253.

[175] NGUYEN Q H, CHOI S B. A new approach for dynamic modeling of an electrorheological
damper using a lumped parameter method [J]. Smart Materials and Structures, 2009, 18:

1-11.

[176] 何新智，毕树生，李德才，等. 磁性液体二阶浮力原理的实验研究 [J]. 功能材料，2012，43（21）：3023-3027.

[177] VOKOUN D, BELEGGIA M, HELLER L, et al. Magentostatic interactions and forces between cylindrical permanent magnets [J]. Journal of Magnetism and Magnetic Materials, 2009, 321: 3758-3763.

[178] SUDO S, HASHIMOTO H, KATAGIRI K. Dynamics of magnetic foam [J]. Journal of Magnetism and Magnetic Materials, 1990, 85 (1-3): 159-162.

[179] BAHIRAEI M, HANGI M. Flow and heat transfer characteristics of magnetic nanofluids: a review [J]. Journal of Magnetism and Magnetic Materials, 2015, 374: 334-339.

[180] RABINOW J. The Magnetic fluid clutch [J]. Transactions of the American Institute of Electrical Engineers, 1948, 67 (2): 1308-1315.

[181] PHULE P P, GINDER J M. The Materials science of field-responsive fluids [J]. Mrs Bull, 1998, 23 (8): 19-22.

[182] OHIRA Y, HOUDA H, SAWADA T. Effect of Magnetic Field on a Tuned Liquid Damper Using a Magnetic Fluid [J]. International Journal of Applied Electromagnetics and Mechanics, 2001, 13 (1-4): 71-78.